信息环境下大学数学课程改革系列教材
高等学校应用型创新型人才培养系列教材

线性代数疑难释义

张鹏鸽　高淑萍　编著

西安电子科技大学出版社

内 容 简 介

全书共分为 6 章，第 1 章讲述了线性代数的相关概念在二维、三维空间中的几何解释；第 2 章针对矩阵的初等变换在本课程中的应用展开讨论；第 3 章介绍了分块矩阵及其应用；第 4 章重点讨论了线性方程组与矩阵、向量组及向量空间的关系；第 5 章给出了矩阵的三种标准形以及可逆矩阵的等价条件；第 6 章介绍了矩阵的四个子空间及其关系.

本书可供高等院校理工科、经管类等专业学生选用，也可作为相关工作人员的学习参考书.

图书在版编目(CIP)数据

线性代数疑难释义/张鹏鸽，高淑萍主编.
—西安：西安电子科技大学出版社，2015.9(2025.7 重印)
ISBN 978 - 7 - 5606 - 3852 - 2

Ⅰ. ① 线…　Ⅱ. ① 张…　② 高…　Ⅲ. ① 线性代数—高等学校—教材　Ⅳ. ① O151.2

中国版本图书馆 CIP 数据核字(2015)第 216123 号

策　　划　毛红兵
责任编辑　毛红兵
出版发行　西安电子科技大学出版社(西安市太白南路 2 号)
电　　话　(029)88202421　88201467　　邮　　编　710071
网　　址　www.xduph.com　　电子邮箱　xdupfxb001@163.com
经　　销　新华书店
印刷单位　咸阳华盛印务有限责任公司
版　　次　2015 年 9 月第 1 版　2025 年 7 月第 11 次印刷
开　　本　787 毫米×1092 毫米　1/16　印张 5
字　　数　110 千字
定　　价　15.00 元
ISBN 978 - 7 - 5606 - 3852 - 2

XDUP 4144001 - 11

前　言

理论上线性代数是一门高度抽象的数学学科，从现代科学的观点看来，它也是一门应用性很强的学科，尤其是计算机科学的发展更是扩大了该学科的应用领域.

依托西安电子科技大学牵头承担的教育部教改项目——“用 MATLAB 和建模实践改造工科线性代数课程”，以及与兄弟院校之间的交流、合作，编者发现线性代数中依然存在一些困扰着任课教师和学生的问题，大家普遍反映线性代数难教、难学.

为此，编写了本书. 本书从不同的角度分析了线性代数的重点、难点. 比如第 1 章重点从几何角度给出了线性代数中一些抽象概念的直观解释，以方便学生理解、掌握. 矩阵的初等变换是解决线性代数中大多数问题的普遍方法，本书第 2 章对其进行了归纳、总结. 线性方程组是线性代数的一条主线，第 4 章针对线性方程组与矩阵、向量组以及向量空间的关系展开讨论，不但让学生能体会到主线的作用，更重要的是帮助学生理解矩阵的秩、向量组的线性相关性、向量空间的基、维数、解空间的基础解系等抽象概念的由来，以达到高屋建瓴的效果. 第 5 章重点给出了矩阵的三种标准形及可逆矩阵的等价条件. 第 3 章分块矩阵及其应用及第 6 章矩阵的四个基本子空间读者可作为扩充知识进行研读. 其中第 1 章由高淑萍教授撰写，第 2～6 章由张鹏鸽副教授撰写。

本书具有以下特色：

（1）直观性. 对线性代数中的重要概念，如向量组的线性相关性、行列式、方程组、线性变换、特征值与特征向量等给出了直观的几何解释，便于学生增进理解与掌握.

（2）整体性. 注重同一个方法在不同问题中的应用，如第 2 章中矩阵的初等变换贯穿着全书内容，本书将其归纳、总结，并讨论了该方法的具体应用.

（3）精典解析. 对线性代数中重点难点问题进行梳理，详尽梳理与分析、释疑解惑. 如给出了与可逆矩阵等价的 22 个条件.

（4）知识拓展. 分块矩阵及应用. 如对二次型的分类、矩阵标准形的分类及矩阵的四个基本的空间等进行了讨论.

本书可能存在疏漏或不妥之处，敬请广大读者不吝指正.

编者

2015 年 9 月

目　　录

第 1 章　线性代数中相关概念的几何解释

编者从多年的教学实践和学习过程中发现，几何直观是领悟数学的一种有效途径. 线性代数是研究线性空间及其空间上的线性变换的学科，它所具有的高度抽象性和逻辑性使得学生望而生畏. 事实上，要掌握一个概念，就必须弄清这个概念的内涵和外延. 由于线性代数中概念的抽象程度较高，其内涵变小，相对而言，其外延就大，因此，学生对它的掌握和理解容易发生障碍. 下面从行列式、线性方程组、向量组的线性相关性、线性变换、特征值与特征向量及二次型这几个概念入手，讲解其在几何中的“原始”意义，便于学生理解和掌握这些抽象概念.

1.1　行列式的几何意义

在大多数线性代数教材中，行列式的概念是首先介绍的，虽然学生在中学已经学过二、三阶行列式，但实际上大多数学生对行列式的概念知之甚少，或者只是机械地背算式.

行列式是一些数据排列成的方阵经过规定的计算方法而得到的一个数. 当然，如果行列式中含有未知数，那么行列式就是一个多项式. 它本质上代表一个数值，这一点要与矩阵区别开. 矩阵只是一个数表，行列式则是对一个方形数表按照规则进一步计算，最终得到一个实数、复数或者多项式.

1.1.1　二阶行列式的几何意义

这里首先介绍一阶行列式的意义.

一阶行列式 $|a_1|=a_1$，即 a_1 的一阶行列式就是数 a_1，也可说是向量 $\boldsymbol{a}_1$ 本身，这个数 a_1 的本身是一维坐标轴上的有向长度(如图 1-1 所示). 这里强调的是“有向”，因为长度是有向的，是一个向量，这是个很重要的概念.

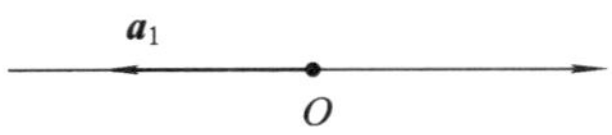

图 1-1　一阶行列式的几何意义

下面继续讨论二阶行列式.

二阶行列式 $\boldsymbol{D}=\begin{vmatrix} a_1 & a_2 \\ b_1 & b_2 \end{vmatrix}$ 的几何意义是 xoy 平面上以行向量 $\boldsymbol{a}=(a_1, a_2)$，$\boldsymbol{b}=(b_1, b_2)$ 为邻边的平行四边形的有向面积. 为什么？下面推导这一结论.

我们在二维几何空间 $\mathbf{R}^2$ 中取定一个直角坐标系$[\boldsymbol{\varepsilon}_1, \boldsymbol{\varepsilon}_2]$，设 $\boldsymbol{a}=a_1\boldsymbol{\varepsilon}_1+a_2\boldsymbol{\varepsilon}_2$，$\boldsymbol{b}=b_1\boldsymbol{\varepsilon}_1+$

$b_2\boldsymbol{\varepsilon}_2$. 考察以 $\boldsymbol{a}$、$\boldsymbol{b}$ 为邻边的平行四边形的面积与构成它的两个向量之间的关系(如图 1-2(1)所示)：

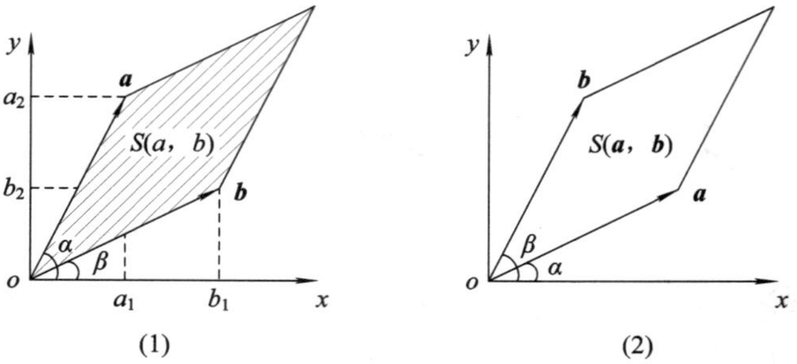

图 1-2　二阶行列式的几何意义

则以 $\boldsymbol{a}$、$\boldsymbol{b}$ 为边的平行四边形的面积为

$$S(\boldsymbol{a},\boldsymbol{b})=|\boldsymbol{a}|\cdot|\boldsymbol{b}|\sin<\boldsymbol{a},\boldsymbol{b}>$$

其中，$|\boldsymbol{a}|=\sqrt{a_1^2+a_2^2}$，$|\boldsymbol{b}|=\sqrt{b_1^2+b_1^2}$，$\sin<\boldsymbol{a},\boldsymbol{b}>$为向量 $\boldsymbol{a}$、$\boldsymbol{b}$ 之间的夹角正弦.

$$\sin<\boldsymbol{a},\boldsymbol{b}>=\sin(\alpha-\beta)=\sin\alpha\cos\beta-\cos\alpha\sin\beta$$

参照图 1-2(1)中的关系将三角函数用坐标值表示出来，即

$$\sin<\boldsymbol{a},\boldsymbol{b}>=\frac{a_2}{|\boldsymbol{a}|}\cdot\frac{b_1}{|\boldsymbol{b}|}-\frac{a_1}{|\boldsymbol{a}|}\cdot\frac{b_2}{|\boldsymbol{b}|}=\frac{a_2b_1-a_1b_2}{|\boldsymbol{a}|\cdot|\boldsymbol{b}|}$$

将上式整理，得

$$S_{\text{平行四边形}}=|\boldsymbol{a}|\cdot|\boldsymbol{b}|\sin<\boldsymbol{a},\boldsymbol{b}>=a_2b_1-a_1b_2=-\begin{vmatrix}a_1 & a_2\\ b_1 & b_2\end{vmatrix}$$

若以 $\boldsymbol{a}$、$\boldsymbol{b}$ 为邻边的平行四边形与构成它的两个向量之间的关系如图 1-2(2)所示，则

$$S(\boldsymbol{a},\boldsymbol{b})=|\boldsymbol{a}|\cdot|\boldsymbol{b}|\sin<\boldsymbol{a},\boldsymbol{b}>=a_1b_2-a_2b_1=\begin{vmatrix}a_1 & a_2\\ b_1 & b_2\end{vmatrix}$$

1.1.2　三阶行列式的几何意义

三阶行列式的几何意义是其行向量或列向量所张成的平行六面体的有向体积.

行列式的展开定理是线性代数中的一个重要定理，在行列式计算、矩阵计算中十分有用. 如果记三阶行列式的三个行向量分别为 $\boldsymbol{\alpha}_1$、$\boldsymbol{\alpha}_2$、$\boldsymbol{\alpha}_3$，且 $\boldsymbol{\beta}=(A_{31},A_{32},A_{33})$，其中 A_{31}、A_{32}、A_{33}表示代数余子式，$\boldsymbol{\beta}=\boldsymbol{\alpha}_1\times\boldsymbol{\alpha}_2$($\boldsymbol{\alpha}_1$、$\boldsymbol{\alpha}_2$ 的向量积)，它的模等于以向量 $\boldsymbol{\alpha}_1$、$\boldsymbol{\alpha}_2$ 为邻边的平行四边形的面积，三阶行列式的值等于 $\boldsymbol{\beta}$ 与 $\boldsymbol{\alpha}_3$ 的内积，即 $\boldsymbol{\alpha}_1$、$\boldsymbol{\alpha}_2$、$\boldsymbol{\alpha}_3$ 的混合积$(\boldsymbol{\alpha}_1\times\boldsymbol{\alpha}_2)\cdot\boldsymbol{\alpha}_3$，即

$$\begin{vmatrix}\boldsymbol{\alpha}_1\\ \boldsymbol{\alpha}_2\\ \boldsymbol{\alpha}_3\end{vmatrix}=\begin{vmatrix}a_{11} & a_{12} & a_{13}\\ a_{21} & a_{22} & a_{23}\\ a_{31} & a_{32} & a_{33}\end{vmatrix}=a_{31}A_{31}+a_{32}A_{32}+a_{33}A_{33}$$

$$=(\boldsymbol{\beta},\boldsymbol{\alpha}_3)=(\boldsymbol{\alpha}_1\times\boldsymbol{\alpha}_2)\cdot\boldsymbol{\alpha}_3$$

即以向量 $\boldsymbol{\alpha}_1$、$\boldsymbol{\alpha}_2$、$\boldsymbol{\alpha}_3$ 为相邻棱的平行六面体的体积 V(如图 1-3 所示)，可以表示为

$$
\begin{aligned}
V &= S \cdot h \\
&= \| \boldsymbol{\alpha}_1 \times \boldsymbol{\alpha}_2 \| \cdot (\| \boldsymbol{\alpha}_3 \| \cdot \cos\theta) \\
&= (\boldsymbol{\alpha}_1 \times \boldsymbol{\alpha}_2) \cdot \boldsymbol{\alpha}_3 \\
&= \begin{vmatrix} a_{11} & a_{12} & a_{13} \\ a_{21} & a_{22} & a_{23} \\ a_{31} & a_{32} & a_{33} \end{vmatrix}
\end{aligned}
$$

其中，S 表示以 $\boldsymbol{\alpha}_1$、$\boldsymbol{\alpha}_2$ 为邻边的平行四边形的面积 $S=\|\boldsymbol{\alpha}_1\times\boldsymbol{\alpha}_2\|$，$h$ 表示以 $\boldsymbol{\alpha}_1$、$\boldsymbol{\alpha}_2$ 为邻边的底面上的高，θ 表示平行六面体与 β 的夹角.

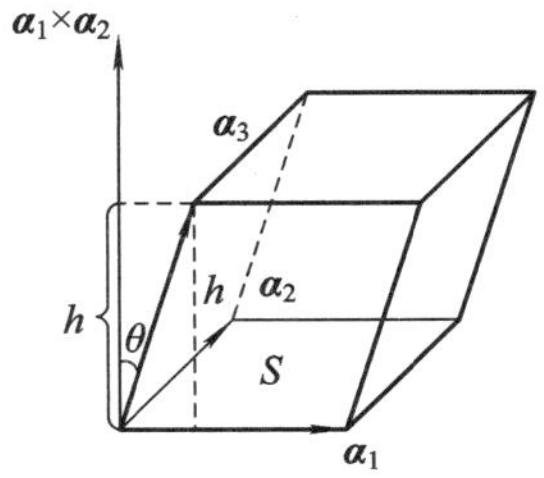

图 1－3　三阶行列式的几何意义

1.2　线性方程组的几何意义

线性方程组理论是线性代数中最经典的理论，历史上，线性代数的第一个问题也是关于线性方程组的问题，下面以三元线性方程组

$$
\begin{cases}
x_1 + x_2 - x_3 = 5 \\
2x_1 - 3x_2 + x_3 = 5 \\
-5x_1 + 2x_2 - 2x_3 = 0
\end{cases}
\tag{1-1}
$$

为例加以说明. 教材上利用高斯消元法可以求解三元一次线性方程组(1－1)，即对方程组的增广矩阵作初等行变换化为阶梯形矩阵，获得同解方程组，进而求得原方程组的解. 高斯消元法的优点是：把中学学过的解线性方程组的初等方法转化为利用初等行变换求解方程组的高等方法上来，即实现了由初等数学方法到高等数学的过渡，这一方法完全可以机械操作，因此学生很少了解其背后的几何意义.

在解析几何中，平面可以通过一个三元一次方程来描述；反过来，任意一个三元一次方程可以表示三维空间中的一个平面，设 m 个三元一次方程构成一个三元线性方程组.

因此，方程组(1－1)具有直观的几何意义，而且可以利用几何方法求得其解. 方程组(1－1)的 3 个三元一次方程可以看成是三维空间中的 3 个平面. 三元线性方程组(1－1)解的情况可以用这些平面相交的情况来判断.

1）如果方程组有解，就意味着这 m 个方程代表 m 个平面有公共点

如果方程组有唯一解，则 m 个平面交于一点；如果方程组有无穷多个解，且基础解系中只含有一个向量，则平面组交于一条直线；若基础解系中含有两个向量，则平面组重合(即为同一个平面).

2）若方程组无解，则平面不相交(平行)

下面从向量组秩的角度分析上面的结论，不妨设 $m=3$.

设有下列线性方程组：

$$\begin{cases} a_{11}x+a_{12}y+a_{13}z=b_1 \\ a_{21}x+a_{22}y+a_{23}z=b_2 \\ a_{31}x+a_{32}y+a_{33}z=b_3 \end{cases}$$

记

$$\boldsymbol{\alpha}_1=\begin{bmatrix} a_{11} \\ a_{21} \\ a_{31} \end{bmatrix},\quad \boldsymbol{\alpha}_2=\begin{bmatrix} a_{12} \\ a_{22} \\ a_{32} \end{bmatrix},\quad \boldsymbol{\alpha}_3=\begin{bmatrix} a_{13} \\ a_{23} \\ a_{33} \end{bmatrix},\quad \boldsymbol{\beta}=\begin{bmatrix} b_1 \\ b_2 \\ b_3 \end{bmatrix},$$

$$\boldsymbol{\gamma}_1=[a_{11}\quad a_{12}\quad a_{13}\quad b_1]\quad \boldsymbol{\beta}_1=[a_{11}\quad a_{12}\quad a_{13}]$$

$$\boldsymbol{\gamma}_2=[a_{21}\quad a_{22}\quad a_{23}\quad b_2]\quad \boldsymbol{\beta}_2=[a_{21}\quad a_{22}\quad a_{23}]$$

$$\boldsymbol{\gamma}_3=[a_{31}\quad a_{32}\quad a_{33}\quad b_1]\quad \boldsymbol{\beta}_3=[a_{31}\quad a_{32}\quad a_{33}]$$

方程组中三个方程分别代表的平面记为 π_1，π_2，π_3，其对应法向量分别为 $\boldsymbol{\beta}_1$，$\boldsymbol{\beta}_2$，$\boldsymbol{\beta}_3$.

(1) 当 $R(\boldsymbol{\alpha}_1,\boldsymbol{\alpha}_2,\boldsymbol{\alpha}_3)=3$ 时，$R(\boldsymbol{\alpha}_1,\boldsymbol{\alpha}_2,\boldsymbol{\alpha}_3,\boldsymbol{\beta})=R(\boldsymbol{\alpha}_1,\boldsymbol{\alpha}_2,\boldsymbol{\alpha}_3)=3$，则方程组有唯一解.

(2) 当 $R(\boldsymbol{\alpha}_1,\boldsymbol{\alpha}_2,\boldsymbol{\alpha}_3)=2$ 时，$R(\boldsymbol{\alpha}_1,\boldsymbol{\alpha}_2,\boldsymbol{\alpha}_3,\boldsymbol{\beta})=2$ 或 $R(\boldsymbol{\alpha}_1,\boldsymbol{\alpha}_2,\boldsymbol{\alpha}_3)=3$.

① 当 $R(\boldsymbol{\alpha}_1,\boldsymbol{\alpha}_2,\boldsymbol{\alpha}_3,\boldsymbol{\beta})=2$(即增广矩阵的秩＝系数矩阵的秩)时，方程组有无穷多个解，且基础解系只含有一个解向量.

几何意义：三个平面相交于一条直线.

进一步分析可知：

(a) 当 $\boldsymbol{\gamma}_1$，$\boldsymbol{\gamma}_2$，$\boldsymbol{\gamma}_3$ 中有两个线性相关时，其几何意义为：有两个平面重合，与第三个平面交于一条直线.

(b) 当 $\boldsymbol{\gamma}_1$，$\boldsymbol{\gamma}_2$，$\boldsymbol{\gamma}_3$ 中两两线性无关时，其几何意义为：三个平面交于一条直线.

② 当 $R(\boldsymbol{\alpha}_1,\boldsymbol{\alpha}_2,\boldsymbol{\alpha}_3,\boldsymbol{\beta})=3$(即增广矩阵的秩≠系数矩阵的秩)时，方程组无解.

进一步分析可知：

(a) 当 $\boldsymbol{\beta}_1$，$\boldsymbol{\beta}_2$，$\boldsymbol{\beta}_3$ 中有两个线性相关时，其几何意义为：其中两个平面平行，分别与第三个平面相交.

(b) 当 $\boldsymbol{\beta}_1$，$\boldsymbol{\beta}_2$，$\boldsymbol{\beta}_3$ 中两两线性无关时，其几何意义为：三个平面两两相交.

(3) 当 $R(\boldsymbol{\alpha}_1,\boldsymbol{\alpha}_2,\boldsymbol{\alpha}_3)=1$ 时，$R(\boldsymbol{\beta}_1,\boldsymbol{\beta}_2,\boldsymbol{\beta}_3)=1$(即行秩＝列秩)，此时三个平面的法向量平行，三个平面平行.

① 当 $R(\boldsymbol{\alpha}_1,\boldsymbol{\alpha}_2,\boldsymbol{\alpha}_3,\boldsymbol{\beta})=1$ 时，方程组有无穷多个解，且基础解系中含有两个解向量. 其几何意义为：三个平面相交于一个平面，三个平面重合.

② 当 $R(\boldsymbol{\alpha}_1,\boldsymbol{\alpha}_2,\boldsymbol{\alpha}_3,\boldsymbol{\beta})=2$ 时，方程组无解.

(a) 当 $\boldsymbol{\gamma}_1$，$\boldsymbol{\gamma}_2$，$\boldsymbol{\gamma}_3$ 中有两个线性相关时，其几何意义为：其中两个平面重合，与第三个平面平行.

(b) 当 $\boldsymbol{\gamma}_1$，$\boldsymbol{\gamma}_2$，$\boldsymbol{\gamma}_3$ 中两两线性相关时，其几何意义为：三个平面平行且互不重合.

1.3 向量组线性相关性的几何意义

在线性代数中，关于向量组的线性相关、线性无关、极大无关组和秩的概念是教学中的一个难点，但借助于三维空间的几何直观，将会有助于抽象概念的理解.

我们从三维几何空间中向量之间的关系入手.

已知 $\boldsymbol{\alpha}$、$\boldsymbol{\beta} \in \mathbf{R}^3$，且 $\boldsymbol{\alpha}$、$\boldsymbol{\beta}$ 共线，如图 1-4 所示.

$\boldsymbol{\alpha}$、$\boldsymbol{\beta}$ 共线 $\Leftrightarrow \boldsymbol{\beta} = k\boldsymbol{\alpha}$

$\Leftrightarrow k\boldsymbol{\alpha} + (-1)\boldsymbol{\beta} = \mathbf{0}$（$\mathbf{0}$ 为零向量）

$\Leftrightarrow$ 存在一组不全为零的数 k、-1，使得 $\boldsymbol{\alpha}$、$\boldsymbol{\beta}$ 的线性组合为零向量.

$\boldsymbol{\alpha}$、$\boldsymbol{\beta}$ 共线亦称为 $\boldsymbol{\alpha}$、$\boldsymbol{\beta}$ 线性相关.

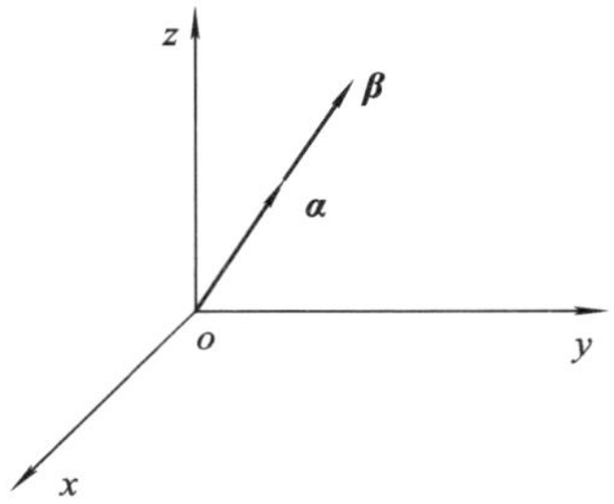

图 1-4 向量 $\boldsymbol{\alpha}$、$\boldsymbol{\beta}$ 线性相关的几何意义

已知 $\boldsymbol{\alpha}$、$\boldsymbol{\beta}$、$\boldsymbol{\gamma} \in \mathbf{R}^3$，且 $\boldsymbol{\alpha}$、$\boldsymbol{\beta}$、$\boldsymbol{\gamma}$ 共面，如图 1-5 所示.

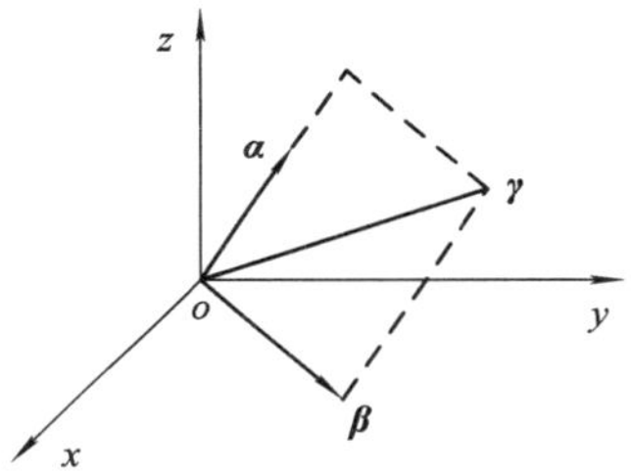

图 1-5 向量 $\boldsymbol{\alpha}$、$\boldsymbol{\beta}$、$\boldsymbol{\gamma}$ 线性相关的几何意义

$\boldsymbol{\alpha}$、$\boldsymbol{\beta}$、$\boldsymbol{\gamma}$ 共面 $\Leftrightarrow \boldsymbol{\gamma} = k_1\boldsymbol{\alpha} + k_2\boldsymbol{\beta}$

$\Leftrightarrow k_1\boldsymbol{\alpha} + k_2\boldsymbol{\beta} + (-1)\boldsymbol{\gamma} = \mathbf{0}$（$\mathbf{0}$ 为零向量）

$\Leftrightarrow$ 存在一组不全为零的数 k_1、k_2、-1，使得 $\boldsymbol{\alpha}$、$\boldsymbol{\beta}$、$\boldsymbol{\gamma}$ 的线性组合为零向量.

$\boldsymbol{\alpha}$、$\boldsymbol{\beta}$、$\boldsymbol{\gamma}$ 共面亦称为 $\boldsymbol{\alpha}$、$\boldsymbol{\beta}$、$\boldsymbol{\gamma}$ 线性相关.

于是，可得三维空间中向量组的线性相关性与其对应的几何意义，如表 1-1 所示.

表 1-1 三维空间中向量组的线性相关性及其对应的几何意义

线性相关性	几何意义
$\boldsymbol{\alpha}$ 线性相关	$\boldsymbol{\alpha}$ 为非零向量
$\boldsymbol{\alpha}$ 线性无关	$\boldsymbol{\alpha}$ 为零向量
$\boldsymbol{\alpha}$、$\boldsymbol{\beta}$ 线性相关	$\boldsymbol{\alpha}$、$\boldsymbol{\beta}$ 共线
$\boldsymbol{\alpha}$、$\boldsymbol{\beta}$ 线性无关	$\boldsymbol{\alpha}$、$\boldsymbol{\beta}$ 可张成一平面
$\boldsymbol{\alpha}$、$\boldsymbol{\beta}$、$\boldsymbol{\gamma}$ 线性相关	$\boldsymbol{\alpha}$、$\boldsymbol{\beta}$、$\boldsymbol{\gamma}$ 共面
$\boldsymbol{\alpha}$、$\boldsymbol{\beta}$、$\boldsymbol{\gamma}$ 线性无关	$\boldsymbol{\alpha}$、$\boldsymbol{\beta}$、$\boldsymbol{\gamma}$ 可张成一空间

自然地，上述三维几何空间中两个向量的共线和三个向量的共面可以推广到 n 维空间中，进而得到线性组合、线性表示及组合系数等概念，同时可给出向量组的线性相关和线

性无关的定义，并能很好地理解相关结论，如 $n+1$ 个 n 维向量必线性相关，因为 n 维向量必属于 n 维空间，而 n 维空间意味着基向量所含向量的个数为 n，即 n 维空间中最大线性无关组中所含的向量个数必为 n，则再添一个向量必线性相关，所以，$n+1$ 个 n 维向量必线性相关.

1.4　线性变换的几何意义

首先回顾一下变换(映射)、线性映射和线性变换的概念.

(1) 变换.

设有两个非空集合 U、V，若对于 V 中任一元素 α，按照一定法则，总有 V 中一个确定的元素 β 和它对应，则这个对应规则称为从集合 U 到集合 V 的变换(或映射)，记作 $\beta=T(\alpha)$，$(\alpha\in U)$.

(2) 线性映射.

设 U_m、V_n 分别是实数域上 m 维和 n 维线性空间，T 是一个从 U_m 到 V_n 的映射，且满足：

(a) $\forall\alpha_1$，$\alpha_2\in U_m$，有 $T(\alpha_1+\alpha_2)=T(\alpha_1)+T(\alpha_2)$；

(b) $\forall\alpha\in U_m$，$k\in\mathbf{R}$，有 $T(k\alpha)=kT(\alpha)$.

则称 T 为 U_m 到 V_n 的线性映射.

(3) 线性变换.

若 $U_m=V_n$，即线性映射发生在同一个线性空间上，则称之为线性变换.

因此，线性变换可作为特殊的线性映射，而在线性代数中，主要讨论由矩阵所决定的线性变换的各种特性.

下面通过实例介绍线性变换的几何意义.

例 1　定义线性变换 $T:\mathbf{R}^2\to\mathbf{R}^2$ 为

$$T(\boldsymbol{\alpha})=\begin{bmatrix}0&-1\\1&0\end{bmatrix}\begin{bmatrix}x\\y\end{bmatrix}=\begin{bmatrix}-y\\x\end{bmatrix},\quad \boldsymbol{\alpha}\in\mathbf{R}^2$$

求 $\boldsymbol{\alpha}_1=\begin{bmatrix}4\\1\end{bmatrix}$，$\boldsymbol{\alpha}_2=\begin{bmatrix}2\\3\end{bmatrix}$和 $\boldsymbol{\alpha}_1+\boldsymbol{\alpha}_2=\begin{bmatrix}6\\4\end{bmatrix}$在变换 T 下的像，并说明其几何意义.

解　$T(\boldsymbol{\alpha}_1)=\begin{bmatrix}0&-1\\1&0\end{bmatrix}\begin{bmatrix}4\\1\end{bmatrix}=\begin{bmatrix}-1\\4\end{bmatrix}$

$$T(\boldsymbol{\alpha}_2)=\begin{bmatrix}0&-1\\1&0\end{bmatrix}\begin{bmatrix}2\\3\end{bmatrix}=\begin{bmatrix}-3\\2\end{bmatrix}$$

$$T(\boldsymbol{\alpha}_1+\boldsymbol{\alpha}_2)=\begin{bmatrix}0&-1\\1&0\end{bmatrix}\begin{bmatrix}6\\4\end{bmatrix}=\begin{bmatrix}-4\\6\end{bmatrix}=T(\boldsymbol{\alpha}_1)+T(\boldsymbol{\alpha}_2)$$

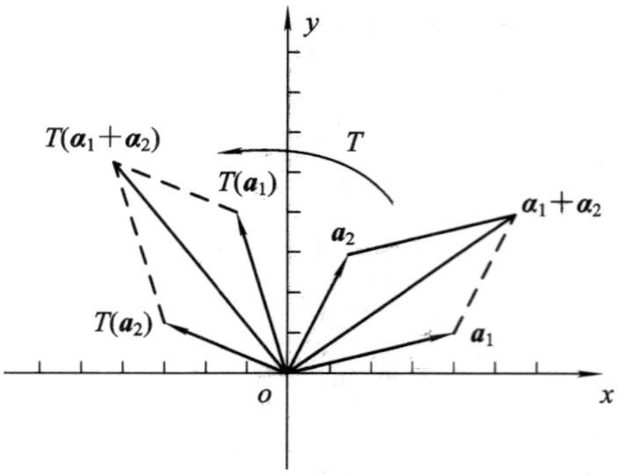

图 1-6　线性变换 T：$\mathbf{R}^2\to\mathbf{R}^2$ 几何意义

图 1-6 表明变换 T 把 $\boldsymbol{\alpha}_1$、$\boldsymbol{\alpha}_2$ 和 $\boldsymbol{\alpha}_1+\boldsymbol{\alpha}_2$ 绕原点逆时针旋转了 90°. 实际上，T 把 α_1、α_2 确定的平行四边形变成了 $T(\boldsymbol{\alpha}_1)$、$T(\boldsymbol{\alpha}_2)$ 确定的平行四边形.

下面介绍几类简单的线性变换及其几何直观意义.

(1) 旋转变换(见图 1－7～图 1－9)：

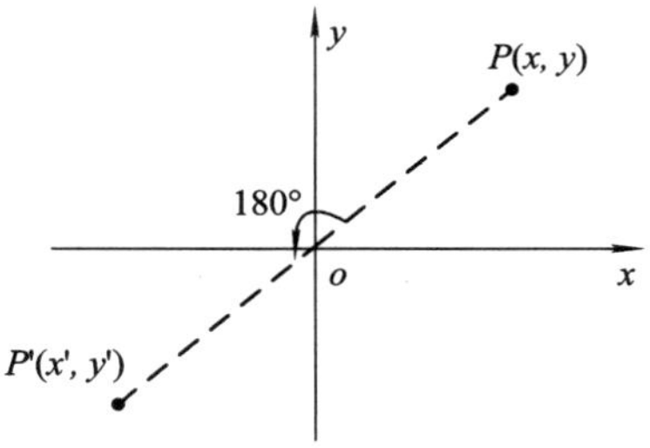

图 1－7　旋转角为 180°的几何表示

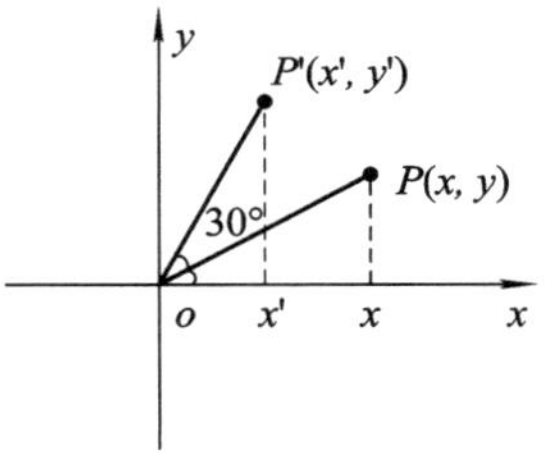

图 1－8　旋转角为 30°的几何表示

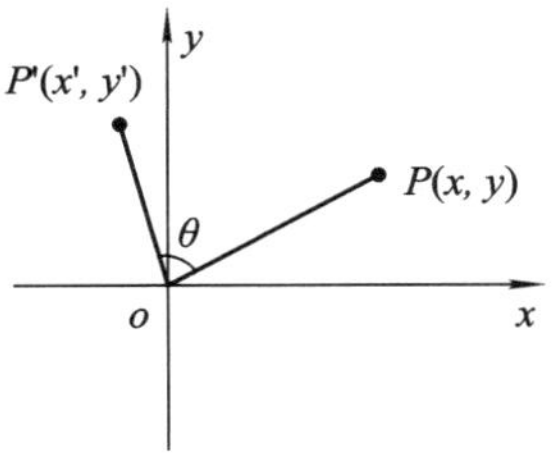

图 1－9　旋转角为 θ 的几何表示

$$P(x,\ y)\xrightarrow[\text{的旋转变换}]{\text{旋转角为 }180^\circ}P'(x',\ y')$$

$$\begin{cases}x'=-x\\y'=-y\end{cases}$$

即

$$\begin{cases}x'=-x+0\cdot y\\y'=0\cdot x-y\end{cases}\leftrightarrow\begin{bmatrix}-1&0\\0&-1\end{bmatrix}$$

$$P(x,\ y)\xrightarrow[\text{的旋转变换}]{\text{旋转角为 }30^\circ\text{度}}P'(x',\ y')$$

$$\begin{cases}x'=\dfrac{\sqrt{3}}{2}x-\dfrac{1}{2}y\\y'=\dfrac{1}{2}+\dfrac{\sqrt{3}}{2}y\end{cases}\leftrightarrow\begin{bmatrix}\dfrac{\sqrt{3}}{2}&-\dfrac{1}{2}\\\dfrac{1}{2}&\dfrac{\sqrt{3}}{2}\end{bmatrix}$$

$$P(x,\ y)\xrightarrow[\text{的旋转变换}]{\text{旋转角为 }\theta}P'(x',\ y')$$

$$\begin{cases}x'=\cos\theta\cdot x-\sin\theta\cdot y\\y'=\sin\theta\cdot x+\cos\theta\cdot y\end{cases}\leftrightarrow\begin{bmatrix}\cos\theta&-\sin\theta\\\sin\theta&\cos\theta\end{bmatrix}$$

(2) 反射变换(见图 1－10～图 1－12)：

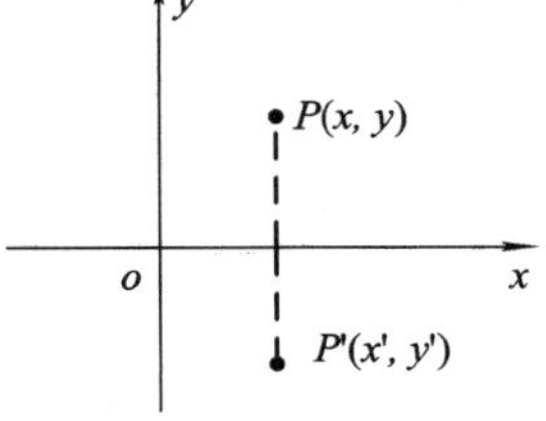

图 1－10　关于 x 轴反射变换的几何表示

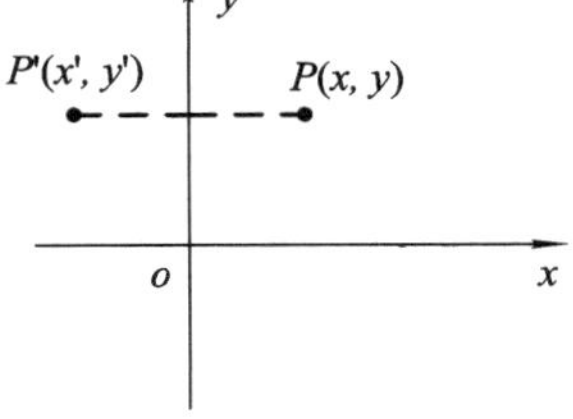

图 1－11　关于 y 轴反射变换的几何表示

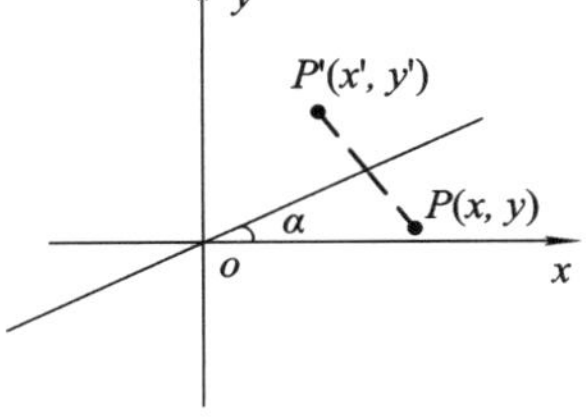

图 1－12　关于直线 l 反射变换的几何表示

$$P(x,y)\xrightarrow[\text{反射变换}]{\text{关于 }x\text{ 轴的}}P'(x',y')$$

$$\begin{cases}x'=x=x+0\cdot y\\ y'=y=0\cdot x+y\end{cases}\leftrightarrow\begin{bmatrix}1&0\\0&-1\end{bmatrix}$$

$$P(x,y)\xrightarrow[\text{反射变换}]{\text{关于 }y\text{ 轴的}}P'(x',y')$$

$$\begin{cases}x'=-x=-x+0\cdot y\\ y'=y=0\cdot x+y\end{cases}\leftrightarrow\begin{bmatrix}-1&0\\0&1\end{bmatrix}$$

$$P(x,y)\xrightarrow[\text{的反射变换}]{\text{关于直线 }l(\text{斜率 }k=\tan\alpha)}P'(x',y')$$

$$\begin{cases}x'=\cos2\alpha\cdot x-\sin2\alpha\cdot y\\ y'=\sin2\alpha\cdot x-\cos2\alpha\cdot y\end{cases}\leftrightarrow\begin{bmatrix}\cos2\alpha&\sin2\alpha\\ \sin2\alpha&-\cos2\alpha\end{bmatrix}$$

(3) 伸缩变换(见图 1－13)：

$$y=\sin x\xrightarrow{\text{伸缩变换}}y=2\ \sin2x$$

$$\begin{cases}x'=\dfrac{1}{2}x=\dfrac{1}{2}x+0\cdot y\\ y'=2y=0\cdot x+2\cdot y\end{cases}\leftrightarrow\begin{bmatrix}\dfrac{1}{2}&0\\0&2\end{bmatrix}$$

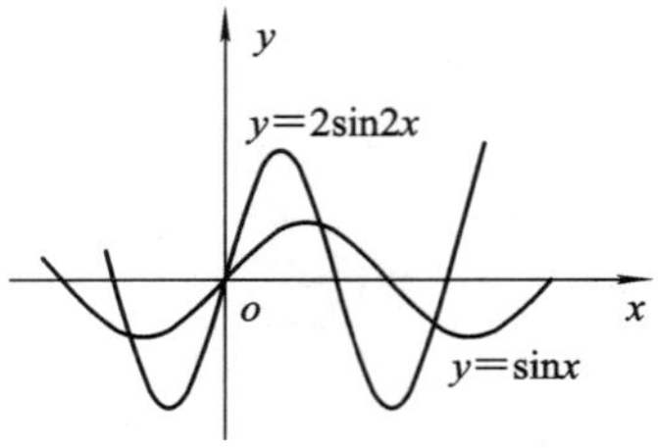

图 1－13　伸缩变换 $\sin x\to2\sin2x$ 的几何表示

一般地，在直角坐标系内，将每一个点的横坐标变为原来的 k_1 倍，纵坐标变为原来的 k_2 倍(k_1、k_2 均为非零常数)的线性变换，对应的变换公式为

$$\begin{cases}x'=k_1x=k_1x+0\cdot y\\ y'=k_2y=0\cdot x+k_2y\end{cases}\leftrightarrow\begin{bmatrix}k_1&0\\0&k_2\end{bmatrix}$$

1.5　特征值与特征向量的几何意义

回顾一下特征值与特征向量的概念. 设 $\boldsymbol{A}$ 是 n 阶方阵，如果存在常数 λ 和 n 维非零列向量 $\boldsymbol{x}$ 使关系式 $\boldsymbol{Ax}=\lambda\boldsymbol{x}$ 成立，则数 λ 称为方阵 $\boldsymbol{A}$ 的特征值，非零向量 $\boldsymbol{x}$ 称为 $\boldsymbol{A}$ 的对应于特征值 λ 的特征向量.

将 $\boldsymbol{Ax}=\lambda\boldsymbol{x}$ 改写为 $(\boldsymbol{A}-\lambda\boldsymbol{E})\boldsymbol{x}=\boldsymbol{0}$，则对于方阵 $\boldsymbol{A}$ 的特征值和特征向量的求解问题就转化为齐次线性方程组 $(\boldsymbol{A}-\lambda\boldsymbol{E})\boldsymbol{x}=\boldsymbol{0}$ 有无非零解的判断及求非零解的过程.

由于工程技术中一些问题，如振动问题和稳定性问题，常归结为求一个方阵的特征值和特征向量的问题，然而一般教材对特征值与特征向量的引入均如上定义所述，该定义本身具有高度的抽象性，学生对这一知识只能机械地记住计算过程，而定义本身及其内涵理解依然是相当模糊地. 然而，学生若能理解该定义的几何内涵和本质特征，则掌握起来便轻松自然，并在后续课程中使用时也会得心应手. 下面针对特征值与特征向量的几何意义作一介绍.

根据定义 $\boldsymbol{Ax}=\lambda\boldsymbol{x}$，方阵 $\boldsymbol{A}$ 与非零向量 $\boldsymbol{x}$ 的乘积实质是对非零向量 $\boldsymbol{x}$ 做了一个线性变换(其变换矩阵为 $\boldsymbol{A}$)；用常数 λ 对非零向量做数乘其实质为对向量 $\boldsymbol{x}$ 作同方向上的伸缩变换或者是反方向上的伸缩变换. 综上，方阵 $\boldsymbol{A}$ 的特征值与特征向量的定义可以理解为：对

于方阵 $\boldsymbol{A}$ 对应的空间中的线性变换，存在某些向量 $\boldsymbol{x}$ 在其变换下，$\boldsymbol{x}$ 的主方向不发生改变，只是在同方向或者是反方向上进行伸缩，这些向量则是方阵 $\boldsymbol{A}$ 对应于某个特征值 λ 的特征向量，而 $\boldsymbol{x}$ 对应的那个特征值 λ 即为该向量 $\boldsymbol{x}$ 作伸缩变换时的伸缩系数.

于是，容易判定一个给定的向量是否为一个方阵的特征向量以及一个指定的向量是否为该方阵的特征值.

例 2 设 $\boldsymbol{A}=\begin{bmatrix}3 & -2\\1 & 0\end{bmatrix}$，$\boldsymbol{u}=\begin{bmatrix}-1\\1\end{bmatrix}$，$\boldsymbol{v}=\begin{bmatrix}2\\1\end{bmatrix}$，判断 $\boldsymbol{u}$、$\boldsymbol{v}$ 是否为 $\boldsymbol{A}$ 的特征向量.

解
$$\boldsymbol{Au}=\begin{bmatrix}3 & -2\\1 & 0\end{bmatrix}\begin{bmatrix}-1\\1\end{bmatrix}=\begin{bmatrix}-5\\-1\end{bmatrix}\neq\lambda\begin{bmatrix}-1\\1\end{bmatrix}$$
$$\boldsymbol{Av}=\begin{bmatrix}3 & -2\\1 & 0\end{bmatrix}\begin{bmatrix}2\\1\end{bmatrix}=\begin{bmatrix}4\\2\end{bmatrix}=2\begin{bmatrix}2\\1\end{bmatrix}=2\boldsymbol{v}$$

易见，$\boldsymbol{v}$ 是 $\boldsymbol{A}$ 的特征值 2 所对应的特征向量，$\boldsymbol{u}$ 不是，且 $\boldsymbol{A}$ 拉伸了 $\boldsymbol{v}$.

如图 1-14 所示，显然，$\boldsymbol{u}$ 不是 $\boldsymbol{A}$ 的特征向量，$\boldsymbol{v}$ 是 $\boldsymbol{A}$ 的特征值 2 的特征向量.

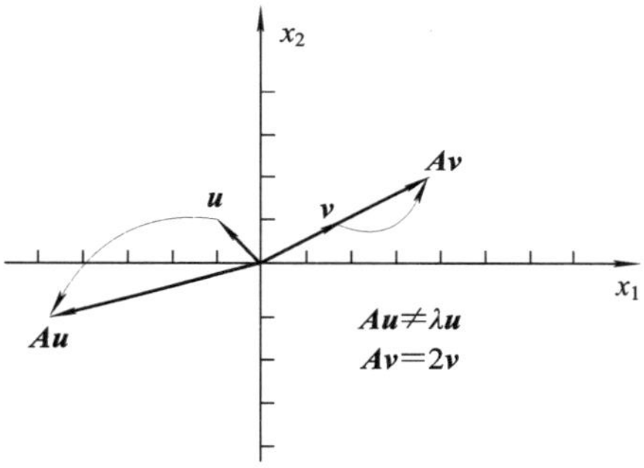

图 1-14　特征向量判别的几何表示

1.6　二次型的几何意义

二次型理论起源于解析几何中二次曲线、二次曲面的问题. 一般的 n 元二次型化为标准形问题在很多工程中有广泛的应用.

二次型是指含有 n 个变量 $x_1, x_2, \cdots, x_n$ 的二次齐次多项式：

$$\begin{aligned}f(x_1, x_2, \cdots, x_n) &= a_{11}x_1^2+a_{22}x_2^2+\cdots+a_{nn}x_n^2\\&\quad+2a_{12}x_1x_2+2a_{13}x_1x_3+\cdots+2a_{1n}x_1x_n\\&\quad+2a_{23}x_2x_3+\cdots+2a_{2n}x_2x_n+\cdots+2a_{(n-1)n}x_{n-1}x_n\\&=\sum_{i=1}^{n}\sum_{j=1}^{n}a_{ij}x_ix_j\\&=[x_1, x_2, \cdots, x_n]\begin{bmatrix}a_{11} & a_{12} & \cdots & a_{1n}\\a_{21} & a_{22} & \cdots & a_{2n}\\\cdots & \cdots & \ddots & \cdots\\a_{n1} & a_{n2} & \cdots & a_{nn}\end{bmatrix}\begin{bmatrix}x_1\\x_2\\\vdots\\x_n\end{bmatrix}\\&=\boldsymbol{X}^{\mathrm{T}}\boldsymbol{AX}\end{aligned}$$

其中，$\boldsymbol{X}=[x_1, x_2, \cdots, x_n]^{\mathrm{T}}$，$\boldsymbol{A}=\begin{bmatrix} a_{11} & a_{12} & \cdots & a_{1n} \\ a_{21} & a_{22} & \cdots & a_{2n} \\ \cdots & \cdots & \ddots & \cdots \\ a_{n1} & a_{n2} & \cdots & a_{nn} \end{bmatrix}(a_{ij}=a_{ji})$，即 $\boldsymbol{A}$ 为实对称矩阵，并称 $\boldsymbol{A}$ 为二次型 f 的矩阵.

在某些情况下，当二次型不含交叉乘积项，即当二次型的矩阵是对角阵时，二次型更易于应用. 庆幸地是，交叉乘积项可以通过适当的变量替换消去.

假设对二次型 $f(\boldsymbol{X})=\boldsymbol{X}^{\mathrm{T}}\boldsymbol{AX}$ 施行变量替换 $\boldsymbol{X}=\boldsymbol{PY}$，则有

$$f(\boldsymbol{X}) = \boldsymbol{X}^{\mathrm{T}}\boldsymbol{AX} = (\boldsymbol{PY})^{\mathrm{T}}\boldsymbol{A}(\boldsymbol{PY}) = \boldsymbol{Y}^{\mathrm{T}}(\boldsymbol{P}^{\mathrm{T}}\boldsymbol{AP})\boldsymbol{Y} \triangleq f(\boldsymbol{Y})$$

即通过变量替换将二次型 $f(\boldsymbol{X})=\boldsymbol{X}^{\mathrm{T}}\boldsymbol{AX}$ 化为新二次型 $f(\boldsymbol{Y})=\boldsymbol{Y}^{\mathrm{T}}\boldsymbol{BY}$，其中 $\boldsymbol{B}=\boldsymbol{P}^{\mathrm{T}}\boldsymbol{AP}$ 为新二次型的矩阵.

若 $\boldsymbol{P}$ 为正交矩阵，则 $\boldsymbol{P}^{\mathrm{T}}=\boldsymbol{P}^{-1}$，且 $\boldsymbol{B}=\boldsymbol{P}^{\mathrm{T}}\boldsymbol{AP}$ 为对角矩阵，此时二次型 $f(\boldsymbol{Y})$ 仅含平方项，不含交叉乘积项.

为此，下面介绍主轴定理.

定理　设 $\boldsymbol{A}$ 是一个 $n\times n$ 阶对称矩阵，则存在一个正交变换 $\boldsymbol{X}=\boldsymbol{PY}$，将二次型 $\boldsymbol{X}^{\mathrm{T}}\boldsymbol{AX}$ 化成仅含平方项的二次型 $\boldsymbol{Y}^{\mathrm{T}}\boldsymbol{BY}$，其中 $\boldsymbol{B}=\boldsymbol{P}^{\mathrm{T}}\boldsymbol{AP}$.

定理中 $\boldsymbol{P}$ 的列称为二次型的主轴.

主轴的几何意义：设 $Q(\boldsymbol{X})=\boldsymbol{X}^{\mathrm{T}}\boldsymbol{AX}$，其中 $\boldsymbol{A}$ 是一个 2×2 可逆对称矩阵，令 C 为一常数，可以证明在 $\mathbf{R}^2$ 中满足 $\boldsymbol{X}^{\mathrm{T}}\boldsymbol{AX}=C$ 的全体 $\boldsymbol{X}$ 所构成的集合或者是一个椭圆(或圆)(如图 1－15(1)所示)——正平方项；双曲线(如图 1－15(2)所示)——一正一负平方项.

若 $\boldsymbol{A}$ 是对角阵，则图像位于标准位置(图 1－15(1)，图 1－15(2)).

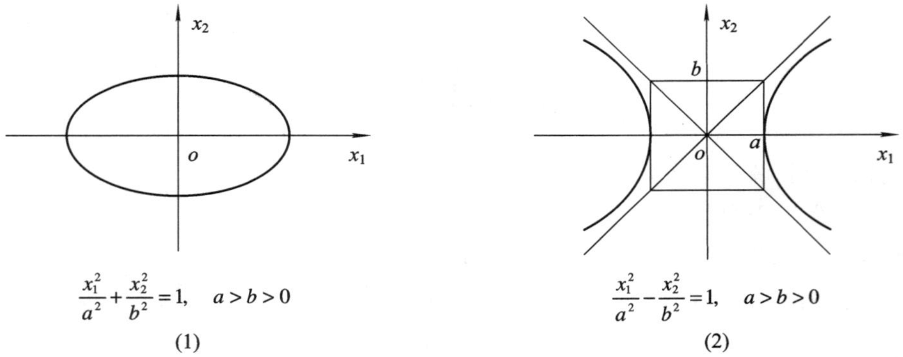

图 1－15　主轴的几何意义

若 $\boldsymbol{A}$ 不是对角阵，则 $\boldsymbol{X}^{\mathrm{T}}\boldsymbol{AX}=C$ 的图像旋转到标准位置以外.

若经过一正交变换 $\boldsymbol{X}=\boldsymbol{PY}$，将二次型 $\boldsymbol{X}^{\mathrm{T}}\boldsymbol{AX}$ 化为只含平方项的新二次型 $\boldsymbol{Y}^{\mathrm{T}}\boldsymbol{BY}$，则在新的主轴下为标准位置.

例如：

$$Q(\boldsymbol{X}) = \boldsymbol{X}^{\mathrm{T}}\boldsymbol{AX} = 5x_1^2 - 4x_1x_2 + 5x_2^2 = 48$$

通过求 $\boldsymbol{A}=\begin{bmatrix} 5 & -2 \\ -2 & 5 \end{bmatrix}$ 的特征值 $\lambda_1=7$，$\lambda_2=3$ 及其对应的特征向量并作单位正交

化，得

$$\boldsymbol{p}_1 = \begin{bmatrix} \frac{1}{\sqrt{2}} \\ \frac{1}{\sqrt{2}} \end{bmatrix}, \quad \boldsymbol{p}_2 = \begin{bmatrix} -\frac{1}{\sqrt{2}} \\ \frac{1}{\sqrt{2}} \end{bmatrix}$$

记 $\boldsymbol{P}=[\boldsymbol{p}_1, \boldsymbol{p}_2]$.

令 $\boldsymbol{X}=\boldsymbol{PY}$，则

$$Q(\boldsymbol{X}) = 3y_1^2 + 7y_2^2 = 48$$

在新坐标系 $y_1 o y_2$ 下该图像位于标准位置(如图 1-16 所示).

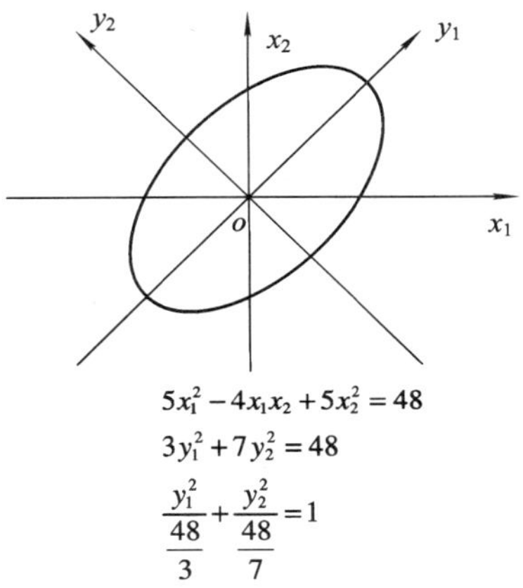

图 1-16 正交变换下的标准形几何表示

再如，二次型

$$Q(\boldsymbol{X}) = x_1^2 - 8x_1x_2 - 5x_2^2 = \boldsymbol{X}^{\mathrm{T}}\boldsymbol{AX}$$

其中，$\boldsymbol{X}=\begin{bmatrix} x_1 \\ x_2 \end{bmatrix}$，$\boldsymbol{A}=\begin{bmatrix} 1 & -4 \\ -4 & -5 \end{bmatrix}$.

由于含有交叉乘积项，故该二次型的图像是非标准图形，但通过对 $\boldsymbol{A}$ 施行正交变换，使得 $Q(\boldsymbol{X})=\boldsymbol{X}^{\mathrm{T}}\boldsymbol{AX}$ 可化为新坐标系下的标准图形，并可计算出在原坐标系下 $\boldsymbol{X}=\begin{bmatrix} 2 \\ -2 \end{bmatrix}$时 $Q(\boldsymbol{X})$的值.

与上述方法一致，可得正交矩阵

$$\boldsymbol{P} = \begin{bmatrix} \frac{2}{\sqrt{5}} & \frac{1}{\sqrt{5}} \\ -\frac{1}{\sqrt{5}} & \frac{2}{\sqrt{5}} \end{bmatrix}$$

$$\boldsymbol{P}^{\mathrm{T}}\boldsymbol{AP} = \boldsymbol{D} = \begin{bmatrix} 3 & 0 \\ 0 & -1 \end{bmatrix}$$

$$\boldsymbol{X} = \boldsymbol{PY}$$

于是

$$
\begin{aligned}
Q(\boldsymbol{X}) &= \boldsymbol{X}^{\mathrm{T}}\boldsymbol{A}\boldsymbol{X} \xlongequal{\boldsymbol{X}=\boldsymbol{P}\boldsymbol{Y}} (\boldsymbol{P}\boldsymbol{Y})^{\mathrm{T}}\boldsymbol{A}(\boldsymbol{P}\boldsymbol{Y}) \\
&= \boldsymbol{Y}^{\mathrm{T}}\boldsymbol{P}^{\mathrm{T}}\boldsymbol{A}\boldsymbol{P}\boldsymbol{Y} \\
&= \boldsymbol{Y}^{\mathrm{T}}\boldsymbol{D}\boldsymbol{Y} = 3y_1^2 - 7y_2^2.
\end{aligned}
$$

则当 $\boldsymbol{X}=\begin{bmatrix} 2 \\ -2 \end{bmatrix}$时，

$$
\boldsymbol{Y} = \boldsymbol{P}^{-1}\boldsymbol{X} = \begin{bmatrix} \frac{2}{\sqrt{5}} & -\frac{1}{\sqrt{5}} \\ \frac{}{\sqrt{5}} & \frac{2}{\sqrt{5}} \end{bmatrix}\begin{bmatrix} 2 \\ -2 \end{bmatrix} = \begin{bmatrix} \frac{6}{\sqrt{5}} \\ \frac{-2}{\sqrt{5}} \end{bmatrix}
$$

$$
Q(\boldsymbol{X}) = 3y_1^2 - 7y_2^2 = 16
$$

第 2 章　矩阵的初等变换

矩阵是线性代数最基本、最重要的概念之一，线性代数中几乎所有的概念或运算中都能见到矩阵的身影．作为矩阵的核心，矩阵的初等变换就显得非常重要，而且矩阵的初等变换在处理线性代数的有关问题时具有一些独特的作用．本章详细讨论矩阵的初等变换及其作用．

矩阵的初等变换起源于线性方程组的三类同解变换，即交换两个方程的位置；给某个方程乘以一个非零常数 k；对某个方程乘以数 k 后加到另一个方程．而一个线性方程组与它的增广矩阵之间是一一对应的，因此，当矩阵的初等变换这一概念提出后，解一个线性方程组就等价于利用矩阵的初等变换来化简相应的增广矩阵．这一转化过程无疑对解线性方程组带来了方便．表面看来，矩阵的初等变换似乎已完成了它所要承担的“任务”，但事实并非如此，随着矩阵理论的发展，新的概念不断产生，新的问题也随之产生，如求矩阵的秩、求向量组的极大线性无关组、化二次型为标准形等，当我们利用矩阵的初等变换来处理上述问题时，往往会感到简洁易行．下面一一介绍矩阵的初等变换在各个方面的应用．

矩阵的初等变换分矩阵的初等行变换和矩阵的初等列变换，其含义如下：

(1) 交换第 i 行(或列)和第 j 行(或列)；

(2) 用一个非零常数乘矩阵某一行(或列)的每个元素；

(3) 把矩阵某一行(或列)的元素的 k 倍加到另一行(或列)上．

对矩阵施行初等变换后，由于矩阵中的元素已发生改变，变换后的矩阵和变换前的矩阵已经不相等，所以表达上不能用等号，而要用箭号“$\rightarrow$”．

2.1　化矩阵为标准形

矩阵 $\boldsymbol{A}$ 经过一系列初等变换后可化为 $\boldsymbol{B}$，则称 $\boldsymbol{A}$ 与 $\boldsymbol{B}$ 等价．显然，等价是矩阵之间的一种关系，且满足自反性、对称性和传递性，矩阵经过初等变换可化为三种形式的矩阵，它们分别是行阶梯形、行最简形和标准形．关于这三种形式矩阵的定义可叙述如下：

(1) 满足以下两个条件的矩阵称为**行阶梯形**，简称**阶梯形**．

① 若有零行，则零行位于非零行的下方；

② 每个首非零元前面零的个数逐行增加．

(2) 首非零元为 1，且首非零元所在列的其他元素都为 0 的阶梯形称为**行最简形**，简称**最简形**．

(3) 对任何 $m\times n$ 矩阵 $\boldsymbol{A}$，必可经过一系列初等变换化为如下形式的矩阵

$$\boldsymbol{N}=\begin{bmatrix}\boldsymbol{E}_r & \boldsymbol{0}\\ \boldsymbol{0} & \boldsymbol{0}\end{bmatrix}$$

则称 $\boldsymbol{N}$ 为矩阵 $\boldsymbol{A}$ 的**等价标准形**，记为 $\boldsymbol{A}\sim\boldsymbol{N}$，此标准形是由 m、n、r 完全确定的，其中 r 就是行阶梯形中非零行的个数.

是否每个矩阵都能经过初等变换化为行阶梯形或行最简形呢?

关于此问题下面的定理给出了肯定的回答.

定理 1 任意 $m\times n$ 矩阵 $\boldsymbol{A}$ 总可以经过初等变换化为行阶梯形及行最简形.

推论：$m\times n$ 矩阵 $\boldsymbol{A}$ 经过初等变换化为的等价标准形是唯一的.

例 1 化下列矩阵为行阶梯形及行最简形.

$$\boldsymbol{A}=\begin{bmatrix}-1 & 3 & -6 & 4\\ 0 & 8 & -24 & 10\\ 0 & -4 & 12 & 2\\ 0 & 4 & -12 & 8\end{bmatrix}$$

解

$$\boldsymbol{A}\xrightarrow[r_2+2r_3]{r_3+r_4}\begin{bmatrix}-1 & 3 & -6 & 4\\ 0 & 0 & 0 & 14\\ 0 & -4 & 12 & 2\\ 0 & 0 & 0 & 10\end{bmatrix}\xrightarrow[\frac{1}{10}r_4]{r_2\leftrightarrow r_3}\begin{bmatrix}-1 & 3 & -6 & 4\\ 0 & -4 & 12 & 2\\ 0 & 0 & 0 & 14\\ 0 & 0 & 0 & 1\end{bmatrix}$$

$$\xrightarrow[r_4-r_3]{\frac{1}{14}r_3}\begin{bmatrix}-1 & 3 & -6 & 4\\ 0 & -4 & 12 & 2\\ 0 & 0 & 0 & 1\\ 0 & 0 & 0 & 0\end{bmatrix}=\boldsymbol{B}$$

$$\xrightarrow[\substack{r_1-4r_3\\ \left(-\frac{1}{4}\right)r_2}]{r_2-2r_3}\begin{bmatrix}-1 & 3 & -6 & 0\\ 0 & 1 & -3 & 0\\ 0 & 0 & 0 & 1\\ 0 & 0 & 0 & 0\end{bmatrix}\xrightarrow[(-1)r_1]{r_1-3r_2}\begin{bmatrix}1 & 0 & -3 & 0\\ 0 & 1 & -3 & 0\\ 0 & 0 & 0 & 1\\ 0 & 0 & 0 & 0\end{bmatrix}=\boldsymbol{C}$$

$$\xrightarrow[c_3+3c_1]{c_3+3c_2}\begin{bmatrix}1 & 0 & 0 & 0\\ 0 & 1 & 0 & 0\\ 0 & 0 & 0 & 1\\ 0 & 0 & 0 & 0\end{bmatrix}\xrightarrow{c_2\leftrightarrow c_3}\left[\begin{array}{ccc:c}1 & 0 & 0 & 0\\ 0 & 1 & 0 & 0\\ 0 & 0 & 1 & 0\\ \hdashline 0 & 0 & 0 & 0\end{array}\right]=\boldsymbol{D}$$

则 $\boldsymbol{B}$ 为阶梯形，$\boldsymbol{C}$ 为最简形，$\boldsymbol{D}$ 为标准形.

2.2 初 等 矩 阵

单位矩阵 $\boldsymbol{E}$ 经过一次初等变换后得到的矩阵称为初等矩阵.

初等矩阵有三种：$\boldsymbol{E}(i,\ j)$、$\boldsymbol{E}(i(k))$、$\boldsymbol{E}(i,\ j(k))$. 关于矩阵的初等变换有如下结论.

定理 2 设 $\boldsymbol{A}$ 为 $m\times n$ 阶矩阵.

(1) 对 $\boldsymbol{A}$ 施以某种初等行变换，相当于用 m 阶初等矩阵左乘 $\boldsymbol{A}$；

(2) 对 $\boldsymbol{A}$ 施以某种初等列变换，相当于用 n 阶初等矩阵右乘 $\boldsymbol{A}$.

若方阵 $\boldsymbol{A}$ 可逆，则它的标准形必为单位矩阵，即 $\boldsymbol{A}\sim\boldsymbol{E}$.

换言之，即存在初等矩阵 $\boldsymbol{P}_1$，$\boldsymbol{P}_2$，…，$\boldsymbol{P}_s$，$\boldsymbol{Q}_1$，$\boldsymbol{Q}_2$，…，$\boldsymbol{Q}_t$，使

$$\boldsymbol{P}_s\boldsymbol{P}_{s-1}\cdots\boldsymbol{P}_1\boldsymbol{A}\boldsymbol{Q}_1\boldsymbol{Q}_2\cdots\boldsymbol{Q}_t=\boldsymbol{E} \tag{2-1}$$

初等矩阵是可逆的，且有

$$\boldsymbol{E}(i,\ j)^{-1}=\boldsymbol{E}(i,\ j),\ \boldsymbol{E}(i(k))^{-1}=\boldsymbol{E}\left[i\left(\frac{1}{k}\right)\right]$$

$$\boldsymbol{E}(i,\ j(k))^{-1}=\boldsymbol{E}(i,\ j(-k))$$

其逆矩阵仍为初等矩阵，于是(1)式可化为

$$\boldsymbol{A}=\boldsymbol{P}_1^{-1}\cdots\boldsymbol{P}_{s-1}^{-1}\boldsymbol{P}_s^{-1}\boldsymbol{E}\boldsymbol{Q}_t^{-1}\boldsymbol{Q}_{t-1}^{-1}\cdots\boldsymbol{Q}_1^{-1}\triangleq\boldsymbol{R}_1\boldsymbol{R}_2\cdots\boldsymbol{R}_k$$

于是有结论：可逆矩阵能表示成一系列初等矩阵的乘积.

2.3 求逆矩阵方法

矩阵求逆是线性代数中常见的一类问题，矩阵求逆的基本方法可归纳为以下几种.

(1) 定义法：对 n 阶方阵 $\boldsymbol{A}$，存在 n 阶方阵 $\boldsymbol{B}$，使得 $\boldsymbol{AB}=\boldsymbol{E}$ 或 $\boldsymbol{BA}=\boldsymbol{E}$，则 $\boldsymbol{B}$ 为 $\boldsymbol{A}$ 的逆矩阵.

(2) 伴随矩阵法：$\boldsymbol{A}^{-1}=\dfrac{\boldsymbol{A}^*}{|\boldsymbol{A}|}(|\boldsymbol{A}|\neq0)$，其中 $\boldsymbol{A}^*$ 为 $\boldsymbol{A}$ 的伴随矩阵.

(3) 初等变换法：

$$[\boldsymbol{A}\ \vdots\ \boldsymbol{E}]\xrightarrow{\text{初等行变换}}[\boldsymbol{E}\ \vdots\ \boldsymbol{A}^{-1}]\qquad(\text{只能作初等行变换})$$

或

$$\begin{bmatrix}\boldsymbol{A}\\ \cdots\\ \boldsymbol{E}\end{bmatrix}\xrightarrow{\text{初等列变换}}\begin{bmatrix}\boldsymbol{E}\\ \cdots\\ \boldsymbol{A}^{-1}\end{bmatrix}\qquad(\text{只能作初等列变换})$$

(4) 分块矩阵法(下一章详细讲解).

若矩阵的阶数较高，则定义法和伴随矩阵法运算量均很大，因此，矩阵求逆采用初等变换法最有效、最实用，这一方法甚至可推广到矩阵方程的求解.

关于初等变换法其理论推导如下：

设 $\boldsymbol{A}$ 为 n 阶可逆矩阵，如何求 $\boldsymbol{A}^{-1}$？

因为

$$\boldsymbol{A}=\boldsymbol{R}_1\boldsymbol{R}_2\cdots\boldsymbol{R}_k\qquad(\text{其中 }\boldsymbol{R}_1,\ \boldsymbol{R}_2,\ \cdots,\ \boldsymbol{R}_k\text{ 为初等矩阵})$$

得

$$\boldsymbol{U}_k\boldsymbol{U}_{k-1}\cdots\boldsymbol{U}_1\boldsymbol{A}=\boldsymbol{E}\qquad(\boldsymbol{U}_1,\ \boldsymbol{U}_2,\ \cdots,\ \boldsymbol{U}_k\text{ 亦为初等矩阵}) \tag{2-2}$$

该式表明：可逆矩阵可经过若干次初等行变换化为单位矩阵.

且

$$\boldsymbol{U}_k\boldsymbol{U}_{k-1}\cdots\boldsymbol{U}_1=\boldsymbol{A}^{-1}$$

即

$$\boldsymbol{U}_k\boldsymbol{U}_{k-1}\cdots\boldsymbol{U}_1\boldsymbol{E}=\boldsymbol{A}^{-1} \tag{2-3}$$

则由(2-2)式和(2-3)式可知：

如果施行一系列初等行变换把可逆矩阵 $\boldsymbol{A}$ 化为单位矩阵 $\boldsymbol{E}$，同时用这些初等行变换就把单位矩阵 $\boldsymbol{E}$ 化为 $\boldsymbol{A}^{-1}$.

于是，利用初等变换求逆矩阵的方法为：

构造 $n\times 2n$ 矩阵 $[\boldsymbol{A} \vdots \boldsymbol{E}]$，对其施行初等行变换，当把 $\boldsymbol{A}$ 化为 $\boldsymbol{E}$ 时，原来的 $\boldsymbol{E}$ 就变成 $\boldsymbol{A}^{-1}$，即

$$[\boldsymbol{A} \vdots \boldsymbol{E}] \xrightarrow{\text{初等行变换}} [\boldsymbol{E} \vdots \boldsymbol{A}^{-1}]$$

同理可得

$$\begin{bmatrix} \boldsymbol{A} \\ \cdots \\ \boldsymbol{E} \end{bmatrix} \xrightarrow{\text{初等列变换}} \begin{bmatrix} \boldsymbol{E} \\ \cdots \\ \boldsymbol{A}^{-1} \end{bmatrix}$$

若 $\boldsymbol{A}$ 可逆，且 $\boldsymbol{AX}=\boldsymbol{B}$，则 $\boldsymbol{X}=\boldsymbol{A}^{-1}\boldsymbol{B}$ 可由初等行变换求得

$$[\boldsymbol{A} \vdots \boldsymbol{B}] \xrightarrow{\text{初等行变换}} [\boldsymbol{E} \vdots \boldsymbol{A}^{-1}\boldsymbol{B}]$$

例 2　假设矩阵 $\boldsymbol{A}$ 和 $\boldsymbol{B}$ 满足关系式：$\boldsymbol{AB}=\boldsymbol{A}+2\boldsymbol{B}$，其中 $\boldsymbol{A}=\begin{bmatrix} 4 & 2 & 3 \\ 1 & 1 & 0 \\ -1 & 2 & 3 \end{bmatrix}$，求矩阵 $\boldsymbol{B}$.

解法一　由 $\boldsymbol{AB}=\boldsymbol{A}+2\boldsymbol{B}$，可得

$$(\boldsymbol{A}-2\boldsymbol{E})\boldsymbol{B}=\boldsymbol{A}$$

所以

$$\boldsymbol{B}=(\boldsymbol{A}-2\boldsymbol{E})^{-1}\boldsymbol{A}$$

于是可得

$$[\boldsymbol{A}-2\boldsymbol{E} \vdots \boldsymbol{E}]=\left[\begin{array}{ccc:ccc} 2 & 2 & 3 & 1 & 0 & 0 \\ 1 & -1 & 0 & 0 & 1 & 0 \\ -1 & 2 & 1 & 0 & 0 & 1 \end{array}\right] \xrightarrow{r_1 \leftrightarrow r_2} \left[\begin{array}{ccc:ccc} 1 & -1 & 0 & 0 & 1 & 0 \\ 2 & 2 & 3 & 1 & 0 & 0 \\ -1 & 2 & 1 & 0 & 0 & 1 \end{array}\right]$$

$$\xrightarrow[r_3+r_1]{r_2-2r_1} \left[\begin{array}{ccc:ccc} 1 & -1 & 0 & 0 & 1 & 0 \\ 0 & 4 & 3 & 1 & -2 & 0 \\ 0 & 1 & 1 & 0 & 1 & 1 \end{array}\right]$$

$$\xrightarrow{r_3 \leftrightarrow r_4} \left[\begin{array}{ccc:ccc} 1 & -1 & 0 & 0 & 1 & 0 \\ 0 & 1 & 1 & 0 & 1 & 1 \\ 0 & 4 & 3 & 1 & -2 & 0 \end{array}\right]$$

$$\xrightarrow{r_3-4r_2} \left[\begin{array}{ccc:ccc} 1 & -1 & 0 & 0 & 1 & 0 \\ 0 & 1 & 1 & 0 & 1 & 1 \\ 0 & 0 & -1 & 1 & -6 & -4 \end{array}\right]$$

$$\xrightarrow[\substack{r_1+r_2 \\ (-1)r_3}]{r_2+r_3} \left[\begin{array}{ccc:ccc} 1 & 0 & 0 & 1 & -4 & -3 \\ 0 & 1 & 0 & 1 & -5 & -3 \\ 0 & 0 & 1 & -1 & 6 & 4 \end{array}\right]$$

于是

$$(\boldsymbol{A}-2\boldsymbol{E})^{-1}=\begin{bmatrix} 1 & -4 & -3 \\ 1 & -5 & -3 \\ -1 & 6 & 4 \end{bmatrix}$$

因此

$$B=(A-2E)^{-1}A=\begin{bmatrix}1&-4&-3\\1&-5&-3\\-1&6&4\end{bmatrix}\begin{bmatrix}4&2&3\\1&1&0\\-1&2&3\end{bmatrix}$$

$$=\begin{bmatrix}3&-8&-6\\2&-9&-6\\-2&12&9\end{bmatrix}$$

解法二

$$[A-2E \mid A]=\left[\begin{array}{ccc:ccc}2&2&3&4&2&3\\1&-1&0&1&1&0\\-1&2&1&-1&2&3\end{array}\right]\rightarrow\cdots\rightarrow\left[\begin{array}{ccc:ccc}1&0&0&3&-8&-6\\0&1&0&2&-9&-6\\0&0&1&-2&12&9\end{array}\right]$$

所以

$$B=\begin{bmatrix}3&-8&-6\\2&-9&-6\\-2&12&9\end{bmatrix}$$

同理，如果欲求 $Y=CA^{-1}$，则可对矩阵 $\begin{bmatrix}A\\\cdots\\C\end{bmatrix}\xrightarrow{\text{初等列变换}}\begin{bmatrix}E\\\cdots\\CA^{-1}\end{bmatrix}$，即可得 $Y=CA^{-1}$.

或者 $Y^{T}=(A^{-1})^{T}C^{T}=(A^{T})^{-1}C^{T}$

对 $[A^{T} \mid C^{T}]\xrightarrow{\text{初等行变换}}[E \mid (A^{T})^{-1}(C^{T})]$

即可求得 Y^{T}，从而可得 $Y=(Y^{T})^{T}$.

例 3 解下列矩阵方程：

$$X\begin{bmatrix}1&0&0\\1&1&0\\1&1&1\end{bmatrix}=\begin{bmatrix}1&-2&1\\0&1&-1\end{bmatrix}$$

解 先构造转置矩阵，并作初等行变换

$$\left[\begin{array}{ccc:cc}1&1&1&1&0\\0&1&1&-2&1\\0&0&1&1&-1\end{array}\right]\rightarrow\left[\begin{array}{ccc:cc}1&1&0&0&1\\0&1&0&-3&2\\0&0&1&1&-1\end{array}\right]\rightarrow\left[\begin{array}{ccc:cc}1&0&0&3&-1\\0&1&0&-3&2\\0&0&1&1&-1\end{array}\right]$$

所以

$$X=\begin{bmatrix}3&-3&1\\-1&2&-1\end{bmatrix}$$

2.4 求矩阵的秩

若矩阵 A 有一个 r 阶子式不为零，而所有的 $r+1$ 阶子式(如果存在的话)全等于零，则称矩阵的秩为 r，记为 $R(A)=r$，并规定零矩阵的秩等于零.

显然 $R(A)$就是 A 中不等于零的子式的最高阶数，即有

$R(A)\geqslant r\Leftrightarrow A$ 中有一个 r 阶子式不为零.

$R(\boldsymbol{A})\leqslant r\Leftrightarrow\boldsymbol{A}$ 中所有 $r+1$ 阶子式全为零.

于是可知，可逆矩阵的秩等于矩阵的阶数，因此，可逆矩阵(又称非奇异矩阵)又称为满秩矩阵，不可逆矩阵(奇异矩阵)又称为降秩矩阵.

对于一般矩阵，当行数与列数较高时，用定义求秩很麻烦，而对于一个阶梯形矩阵，它的秩等于非零行的个数，这一点无需计算.

结合矩阵的初等变换易知，任何一个矩阵均可经过一系列初等变换化为行阶梯形或行最简形. 这一过程中矩阵的秩会改变吗？若不改变，则上述问题便迎刃而解. 事实上，这一结论是肯定的，见下述定理.

定理 3 初等变换不改变矩阵的秩.

证明 不妨以初等行变换为例证明之，初等列变换同理可证. 设 $m\times n$ 阶矩阵 $\boldsymbol{A}$ 经过初等行变换化为矩阵 $\boldsymbol{B}$，且

$$R(\boldsymbol{A})=r_1,\quad R(\boldsymbol{B})=r_2$$

下证 $r_1=r_2$.

按初等行变换的三种情形分别讨论.

(1) $\boldsymbol{A}\xrightarrow{r_i\leftrightarrow r_j}\boldsymbol{B}$

因为 $\boldsymbol{A}$ 中任意 r_1+1 阶子式全为零，所以 $\boldsymbol{B}$ 的任意 r_1+1 阶子式也为零.

(2) $\boldsymbol{A}\xrightarrow{kr_i}\boldsymbol{B}$

因为 $\boldsymbol{A}$ 中的任意 r_1+1 阶子式均为零，所以 $\boldsymbol{B}$ 的任意 r_1+1 阶子式也为零，因此有矩阵 $\boldsymbol{B}$ 中任何 r_1+1 阶子式等于任意非零常数 k 与 $\boldsymbol{A}$ 的某个 r_1+1 阶子式的乘积.

(3) $\boldsymbol{A}\xrightarrow{r_i+kr_j}\boldsymbol{B}$

对于 $\boldsymbol{B}$ 的任意 r_1+1 阶子式 $|\boldsymbol{B}_1|$.

① 若 $|\boldsymbol{B}_1|$ 不包含 $\boldsymbol{B}$ 的第 i 行或既含第 j 行也含第 i 行，由行列式的性质，则

$$|\boldsymbol{B}_1|=|\boldsymbol{D}_{r_1+1}|\text{，其中 }|\boldsymbol{D}_{r_1+1}|\text{ 为 }\boldsymbol{A}\text{ 的任意 }r_1+1\text{ 阶子式}$$

② 若 $|\boldsymbol{B}_1|$ 含有第 i 行但不含第 j 行，由行列式的性质，则

$$|\boldsymbol{B}_1|=|\boldsymbol{D}_{r_1+1}|+k|\boldsymbol{C}_{r_1+1}|\text{，其中 }|\boldsymbol{D}_{r_1+1}|,|\boldsymbol{C}_{r_1+1}|\text{ 均为 }\boldsymbol{A}\text{ 的 }r_1+1\text{ 阶子式}$$

因为 $\boldsymbol{A}$ 的任意 r_1+1 阶子式均为零，所以 $|\boldsymbol{B}_1|=0$.

综上所述，$\boldsymbol{A}$ 经过一次初等行变换化为 $\boldsymbol{B}$ 后，$\boldsymbol{B}$ 的 r_1+1 阶子式全为零，所以 $r_2\leqslant r_1$，经过有限次后结论亦成立.

由于初等变换可逆，所以 $\boldsymbol{B}$ 亦可经过初等行变换化为 $\boldsymbol{A}$，即有

$$r_1\leqslant r_2$$

所以 $r_1=r_2$，即 $R(\boldsymbol{A})=R(\boldsymbol{B})$.

同理可证初等列变换也不改变矩阵的秩.

这样一来，若求矩阵的秩，只要对其施行初等变换化为阶梯形或标准形，其非零行的个数便为矩阵的秩. 另外，等价的矩阵有相同的等价标准形，从而有相同的秩，故秩是矩阵作初等变换时的一个不变量.

例 4 设 $\boldsymbol{A}=\begin{bmatrix}1&2&2&3\\2&4&t&6\\3&6&6&9\end{bmatrix}$，问 t 为何值时 $R(\boldsymbol{A})=2$？

解 对 $\boldsymbol{A}$ 作初等变换，化为阶梯形.

$$\boldsymbol{A}=\begin{bmatrix}1&2&2&3\\2&4&t&6\\3&6&6&9\end{bmatrix}\to\begin{bmatrix}1&2&2&3\\0&0&t-4&0\\0&0&0&0\end{bmatrix}$$

显然 $t=4$ 时，$R(\boldsymbol{A})=1$，$t\neq4$ 时，$R(\boldsymbol{A})=2$.

例 5 试问矩阵 $\boldsymbol{AB}$ 和 $\boldsymbol{BA}$（可乘的情况下）的秩相等吗？

解 一般情况下，$R(\boldsymbol{AB})\neq R(\boldsymbol{BA})$，反例如下：

$$\boldsymbol{A}=\begin{bmatrix}1&0\\0&0\end{bmatrix},\quad \boldsymbol{B}=\begin{bmatrix}0&1\\0&0\end{bmatrix}$$

则

$$\boldsymbol{AB}=\begin{bmatrix}0&1\\0&0\end{bmatrix},\quad \boldsymbol{BA}=\begin{bmatrix}0&0\\0&0\end{bmatrix}$$

从而 $R(\boldsymbol{AB})=1$，$R(\boldsymbol{BA})=0$.

再比如

$$\boldsymbol{A}=\begin{bmatrix}1&0&1&0\\0&0&1&0\end{bmatrix}$$

$$\boldsymbol{B}=\begin{bmatrix}1&0\\0&1\\0&0\\0&0\end{bmatrix}$$

则

$$\boldsymbol{AB}=\begin{bmatrix}1&0\\0&0\end{bmatrix},\quad \boldsymbol{BA}=\begin{bmatrix}1&0&1&0\\0&0&1&0\\0&0&0&0\\0&0&0&0\end{bmatrix}$$

从而 $R(\boldsymbol{AB})=1$，$R(\boldsymbol{BA})=2$.

但对两个同阶方阵，其中有一个是可逆矩阵，不妨设 $\boldsymbol{B}$ 可逆，则有

$$R(\boldsymbol{AB})=R(\boldsymbol{BA})=R(\boldsymbol{A})$$

用矩阵的初等变换也可理解上式，因为可逆矩阵可以写成一系列初等矩阵的乘积，且左乘初等矩阵相当于作相应的初等行变换，右乘初等矩阵相当于作相应的初等列变换，而初等变换不改变矩阵的秩，故

$$R(\boldsymbol{AB})=R(\boldsymbol{BA})=R(\boldsymbol{A})\quad（若 \boldsymbol{B} 可逆）$$

2.5 求解线性方程组

线性方程组是线性代数要解决的主要问题之一，显然判断线性方程组是否有解便是首要问题了，关于线性方程组有以下几种表达形式.

（1）一般形式：

$$\begin{cases} a_{11}x_1 + a_{12}x_2 + \cdots + a_{1n}x_n = b_1 \\ a_{21}x_1 + a_{22}x_2 + \cdots + a_{2n}x_n = b_2 \\ \quad\vdots \qquad\qquad\qquad \vdots \\ a_{m1}x_1 + a_{m2}x_2 + \cdots + a_{mn}x_n = b_n \end{cases}$$

（2）矩阵形式：记

$$\boldsymbol{A} = \begin{bmatrix} a_{11} & a_{12} & \cdots & a_{1n} \\ a_{21} & a_{22} & \cdots & a_{2n} \\ \vdots & \vdots & & \vdots \\ a_{m1} & a_{m2} & \cdots & a_{mn} \end{bmatrix}, \quad \boldsymbol{X} = \begin{bmatrix} x_1 \\ x_2 \\ \vdots \\ x_n \end{bmatrix}, \quad \boldsymbol{b} = \begin{bmatrix} b_1 \\ b_2 \\ \vdots \\ b_m \end{bmatrix}$$

上述线性方程组可表示成

$$\boldsymbol{AX} = \boldsymbol{b}$$

（3）向量形式：记 $\boldsymbol{\alpha}_i = \begin{bmatrix} a_{1i} \\ a_{2i} \\ \vdots \\ a_{mi} \end{bmatrix}$，$i=1, 2, \cdots, n$.

则上述线性方程组可表示成

$$x_1\boldsymbol{\alpha}_1 + x_2\boldsymbol{\alpha}_2 + \cdots + x_n\boldsymbol{\alpha}_n = \boldsymbol{b}$$

当 $b_1 = b_2 = \cdots = b_m = 0$. 线性方程组称为齐次线性方程组，否则，称为非齐次线性方程组.

对应的矩阵形式：记 $\boldsymbol{A} = (a_{ij})_{m\times n}$，$\boldsymbol{X} = [x_1, x_2, \cdots, x_n]^{\mathrm{T}}$，则

齐次线性方程组 $\qquad \boldsymbol{AX} = \boldsymbol{0}$

非齐次线性方程组 $\qquad \boldsymbol{AX} = \boldsymbol{b}$

易得，齐次线性方程组总是有解，因为零解必是它的一个解，而大家关心的是齐次线性方程组是否有非零解，若有，有多少个？而对于非齐次线性方程组，首先要判定有无解，若无解，则讨论结束，若有解，有唯一解还是有无穷多解？

下面通过判断线性方程组系数矩阵和增广矩阵的秩之间的关系来判断方程组解的情况.

记系数矩阵 $\boldsymbol{A} = \begin{bmatrix} a_{11} & a_{12} & \cdots & a_{1n} \\ a_{21} & a_{22} & \cdots & a_{2n} \\ \vdots & \vdots & & \vdots \\ a_{m1} & a_{m2} & \cdots & a_{mn} \end{bmatrix} \qquad R(\boldsymbol{A}) = r$

增广矩阵 $\widetilde{\boldsymbol{A}} = \left[\begin{array}{cccc:c} a_{11} & a_{12} & \cdots & a_{1n} & b_1 \\ a_{21} & a_{22} & \cdots & a_{2n} & b_2 \\ \vdots & \vdots & & \vdots & \vdots \\ a_{m1} & a_{m2} & \cdots & a_{mn} & b_m \end{array}\right] \qquad R(\widetilde{\boldsymbol{A}}) = \tilde{r}$

显然有 $r \leqslant \tilde{r}$，$r \leqslant n$，于是方程组有无解的判断准则为：

线性方程组 $\boldsymbol{AX} = \boldsymbol{b}$ $\begin{cases} r < \tilde{r}\text{：不相容，无解} \\ r = \tilde{r}\text{：相容，有解} \begin{cases} r < n\text{：无穷多解} \\ r = n\text{：唯一解} \end{cases} \end{cases}$

矩阵的秩可通过初等变换求之. 但结合方程组的特点，可以通过矩阵的初等行变换解方程组，也可用框图表示如下：

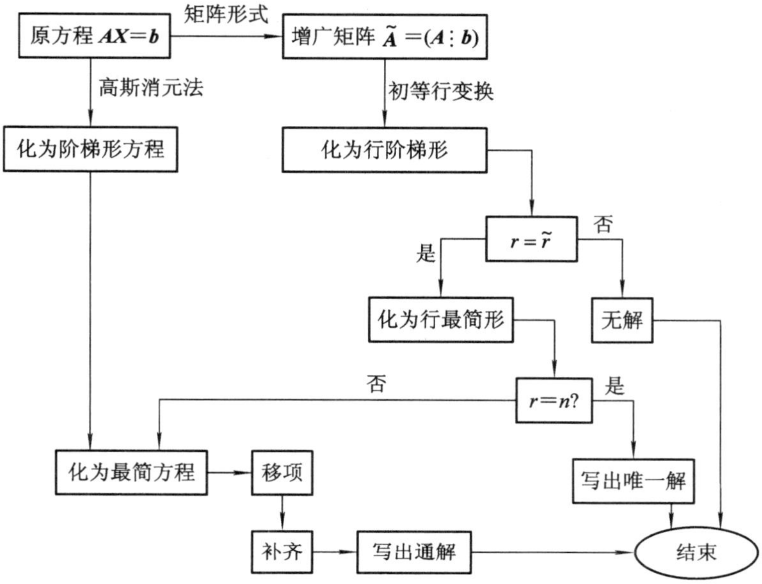

注：① 对增广矩阵(或系数矩阵)始终只作行变换，不要掺杂列变换，以免搞乱未知量的对应关系.

② 对增广矩阵施行初等行变换的实际背景就是 Gauss 消元法. 行最简形对应的方程组就是原方程组的最简形式.

③ 这一判别准则涵盖了 Cramer 法则，注意 Cramer 法则仅适合于 $m=n$ 的情形.

1）齐次线性方程组解的结构

设 $\boldsymbol{\xi}_1, \boldsymbol{\xi}_2, \cdots, \boldsymbol{\xi}_r$ 是 $\boldsymbol{Ax}=\boldsymbol{0}$ 的一组线性无关的解向量，如果方程组 $\boldsymbol{Ax}=\boldsymbol{0}$ 的任意一个解均可由 $\boldsymbol{\xi}_1, \boldsymbol{\xi}_2, \cdots, \boldsymbol{\xi}_r$ 线性表示，则称 $\boldsymbol{\xi}_1, \boldsymbol{\xi}_2, \cdots, \boldsymbol{\xi}_r$ 为方程组 $\boldsymbol{Ax}=\boldsymbol{0}$ 的一个基础解系.

若 $\boldsymbol{A}=(a_{ij})_{m\times n}$，且 $R(\boldsymbol{A})=r<n$，则 $\boldsymbol{Ax}=\boldsymbol{0}$ 的解空间的维数为 $n-r$.

关于基础解系的求法：

对系数矩阵 $\boldsymbol{A}$ 作初等行变换，化为行最简形，不妨设所得的行最简形

$$\boldsymbol{A}\to\cdots\to\begin{bmatrix}1 & 0 & \cdots & 0 & c_{1,r+1} & \cdots & c_{1n}\\ 0 & 1 & \cdots & 0 & c_{2,r+1} & \cdots & c_{2n}\\ \vdots & \vdots & & \vdots & \vdots & & \vdots\\ 0 & 0 & \cdots & 1 & c_{r,r+1} & \cdots & c_{rn}\\ 0 & 0 & \cdots & 0 & 0 & \cdots & 0\\ \vdots & \vdots & & \vdots & \vdots & & \vdots\\ 0 & 0 & \cdots & 0 & 0 & \cdots & 0\end{bmatrix}$$

对应的齐次线性方程组为

$$\begin{cases} x_1 = -c_{1,r+1}x_{r+1} - \cdots - c_{1n}x_n \\ x_2 = -c_{2,r+1}x_{r+1} - \cdots - c_{2n}x_n \\ \quad\cdots\cdots \\ x_r = -c_{r,r+1}x_{r+1} - \cdots - c_{rn}x_n \end{cases}$$

与 $\boldsymbol{Ax}=\boldsymbol{0}$ 同解，其中 x_{r+1}，…，x_n 为自由未知量，分别为

$$\begin{bmatrix} x_{r+1} \\ x_{r+2} \\ \vdots \\ x_n \end{bmatrix} = \begin{bmatrix} 1 \\ 0 \\ \vdots \\ 0 \end{bmatrix}, \begin{bmatrix} 0 \\ 1 \\ \vdots \\ 0 \end{bmatrix}, \cdots, \begin{bmatrix} 0 \\ 0 \\ \vdots \\ 1 \end{bmatrix}$$

得 $\boldsymbol{Ax}=\boldsymbol{0}$ 的 $n-r$ 个线性无关的解向量

$$\boldsymbol{\xi}_1 = \begin{bmatrix} -c_{1,r+1} \\ -c_{2,r+1} \\ \vdots \\ -c_{r,r+1} \\ 1 \\ 0 \\ \vdots \\ 0 \end{bmatrix}, \boldsymbol{\xi}_2 = \begin{bmatrix} -c_{1,r+2} \\ -c_{2,r+2} \\ \vdots \\ -c_{r,r+2} \\ 0 \\ 1 \\ \vdots \\ 0 \end{bmatrix}, \cdots, \boldsymbol{\xi}_{n-r} = \begin{bmatrix} -c_{1n} \\ -c_{2n} \\ \vdots \\ -c_{rn} \\ 0 \\ 0 \\ \vdots \\ 1 \end{bmatrix}$$

此时这 $n-r$ 个解 $\boldsymbol{\xi}_1$，$\boldsymbol{\xi}_2$，…，$\boldsymbol{\xi}_{n-r}$即为 $\boldsymbol{Ax}=\boldsymbol{0}$ 的一个基础解系.

注：基础解系不唯一，任何 $n-r$ 个线性无关的解均可构成它的一个基础解系.

2）非齐次线性方程组解的结构

对于非齐次线性方程组 $\boldsymbol{Ax}=\boldsymbol{b}$，设 $\boldsymbol{\eta}_0$ 是 $\boldsymbol{Ax}=\boldsymbol{b}$ 的一个特解，$\boldsymbol{\xi}_1$，$\boldsymbol{\xi}_2$，…，$\boldsymbol{\xi}_{n-r}$是其导出组 $\boldsymbol{Ax}=\boldsymbol{0}$ 的一个基础解系，则非齐次线性方程组 $\boldsymbol{Ax}=\boldsymbol{b}$ 的通解可表示为

$$\boldsymbol{\eta} = \boldsymbol{\eta}_0 + k_1\boldsymbol{\xi}_1 + k_2\boldsymbol{\xi}_2 + \cdots + k_{n-r}\boldsymbol{\xi}_{n-r}$$

其中 k_1，k_2，…，k_{n-r}为任意实数.

例 6　求下列方程组的通解，并求其通解.

(1) $\begin{cases} 3x_1+4x_2+2x_3+2x_4=0 \\ 2x_1+3x_2+x_3+x_4=0 \\ 3x_1+5x_2+x_3+x_4=0 \\ 4x_1+5x_2+3x_3+3x_4=0 \end{cases}$

(2) $\begin{cases} 2x_1+x_2-x_3-x_4=1 \\ 3x_1-2x_2+x_3-2x_4=4 \\ x_1+4x_2-3x_3+5x_4=-2 \end{cases}$

解　(1) 对系数矩阵作初等行变换化为行最简形：

$$\boldsymbol{A} = \begin{bmatrix} 3 & 4 & 2 & 2 \\ 2 & 3 & 1 & 1 \\ 3 & 5 & 1 & 1 \\ 4 & 5 & 3 & 3 \end{bmatrix} \xrightarrow{\text{初等行变换}} \begin{bmatrix} 1 & 0 & 2 & 2 \\ 0 & 1 & -1 & -1 \\ 0 & 0 & 0 & 0 \\ 0 & 0 & 0 & 0 \end{bmatrix}$$

$R(\boldsymbol{A})=2<4=n$ 该方程组有无穷多解，取 x_3、x_4 为自由未知量，得对应的方程组

$$\begin{cases} x_1 = -2x_3 - 2x_4 \\ x_2 = x_3 + x_4 \\ x_3 = x_3 \\ x_4 = x_4 \end{cases}$$

得基础解系：

$$\boldsymbol{\xi}_1 = \begin{bmatrix} -2 \\ 1 \\ 1 \\ 0 \end{bmatrix}, \quad \boldsymbol{\xi}_2 = \begin{bmatrix} -2 \\ 1 \\ 0 \\ 1 \end{bmatrix}$$

故该方程组通解为

$$\boldsymbol{X} = k_1\boldsymbol{\xi}_1 + k_2\boldsymbol{\xi}_2, \quad k_1, k_2 \text{ 为任意常数.}$$

(2) 对增广矩阵作初等行变换化为行最简形：

$$\widetilde{\boldsymbol{A}} = \left[\begin{array}{cccc:c} 2 & 1 & -1 & 1 & 1 \\ 3 & -2 & 1 & -3 & 4 \\ 1 & 4 & -3 & 5 & -2 \end{array}\right] \to \left[\begin{array}{cccc:c} 1 & 0 & -\frac{1}{7} & -\frac{1}{7} & \frac{6}{7} \\ 0 & 1 & -\frac{5}{7} & \frac{9}{7} & -\frac{5}{7} \\ 0 & 0 & 0 & 0 & 0 \end{array}\right]$$

显然 $R(\boldsymbol{A})=R(\widetilde{\boldsymbol{A}})=2<4=n$，该方程组有无穷多解，上述行最简形所对应的最简形式是

$$\begin{cases} x_1 - \frac{1}{7}x_3 - \frac{1}{7}x_4 = \frac{6}{7} \\ x_2 - \frac{5}{7}x_3 + \frac{9}{7}x_4 = -\frac{5}{7} \end{cases}$$

与原方程组同解，取 x_3、x_4 为自由未知量，移项并补齐得

$$\begin{cases} x_1 = \frac{6}{7} + \frac{1}{7}x_3 + \frac{1}{7}x_4 \\ x_2 = -\frac{5}{7} + \frac{5}{7}x_3 - \frac{9}{7}x_4 \\ x_3 = x_3 \\ x_3 = x_4 \end{cases}$$

故可得该方程组的通解为

$$\boldsymbol{X} = \boldsymbol{\eta} + k_1\boldsymbol{\xi}_1 + k_2\boldsymbol{\xi}_2 = \begin{bmatrix} \frac{6}{7} \\ -\frac{5}{7} \\ 0 \\ 0 \end{bmatrix} + k_1\begin{bmatrix} \frac{1}{7} \\ \frac{5}{7} \\ 1 \\ 0 \end{bmatrix} + k_2\begin{bmatrix} \frac{1}{7} \\ -\frac{9}{7} \\ 0 \\ 1 \end{bmatrix}$$

其 k_1、k_2 为任意常数，$\boldsymbol{\eta}$ 为原方程组的一个特解，$\boldsymbol{\xi}_1$、$\boldsymbol{\xi}_2$ 为其导出组的一个基础解系.

例 7 有四元线性方程组(Ⅰ)，(Ⅱ)，其中(Ⅰ)为 $\begin{cases} 2x_1-3x_2-x_3=0 \\ x_1+2x_2+x_3-x_4=0 \end{cases}$，而(Ⅱ)的一

个基础解系为 $\boldsymbol{\alpha}_1=\begin{bmatrix}2\\-1\\a+2\\1\end{bmatrix}$，$\boldsymbol{\alpha}_2=\begin{bmatrix}-1\\2\\4\\a+8\end{bmatrix}$.

求：(1)（Ⅰ）的一个基础解系.

(2) 当 a 为何值时，（Ⅰ）、（Ⅱ）有非零的公共解？此时求出全部的非零公共解.

解 (1) 对（Ⅰ）的系数矩阵作初等行变换.

$$\boldsymbol{A}=\begin{bmatrix}2&-3&1&0\\1&2&1&-1\end{bmatrix}\to\begin{bmatrix}1&0&-5&3\\0&1&3&-2\end{bmatrix}$$

得（Ⅰ）的基础解系

$$\boldsymbol{\beta}_1=\begin{bmatrix}5\\-3\\1\\0\end{bmatrix},\quad \boldsymbol{\beta}_2=\begin{bmatrix}-3\\2\\0\\1\end{bmatrix}$$

(2) 由(1)得（Ⅰ）的通解后，知（Ⅰ）、（Ⅱ）的公共解应满足关系式.

$$\boldsymbol{\xi}=k_1\boldsymbol{\beta}_1+k_2\boldsymbol{\beta}_2=k_3\boldsymbol{\alpha}_1+k_4\boldsymbol{\alpha}_2 \qquad (*)$$

解方程组 $k_1\boldsymbol{\beta}_1+k_2\boldsymbol{\beta}_2-k_3\boldsymbol{\alpha}_1-k_4\boldsymbol{\alpha}_2=\boldsymbol{0}$，即

$$\begin{cases}5k_1-3k_2-2k_3+k_4=0\\-3k_1+2k_2+k_3-2k_4=0\\k_1-(a+2)k_3-4k_4=0\\k_2-k_3-(a+8)k_4=0\end{cases}$$

对系数矩阵作初等行变换

$$\boldsymbol{A}=\begin{bmatrix}5&-3&-2&1\\-3&2&1&-2\\1&0&-a-2&-4\\0&1&-1&-a-8\end{bmatrix}\to\begin{bmatrix}1&0&-1&4\\0&1&-1&-7\\0&0&-a-1&0\\0&0&0&-a-1\end{bmatrix}$$

可知当 $a=-1$ 时，$R(\boldsymbol{A})<4$，上述方程组有非零解，此时通解

$$\begin{bmatrix}k_1\\k_2\\k_3\\k_4\end{bmatrix}=t_1\begin{bmatrix}1\\1\\1\\0\end{bmatrix}+t_2\begin{bmatrix}4\\7\\0\\1\end{bmatrix}$$

以 $k_3=t_1$，$k_4=t_2$，$a=-1$ 代入（*）式，得

$$\boldsymbol{\xi}=t_1\boldsymbol{\alpha}_1+t_2\boldsymbol{\alpha}_2=t_1\begin{bmatrix}2\\-1\\1\\1\end{bmatrix}+t_2\begin{bmatrix}-1\\2\\4\\7\end{bmatrix}$$

2.6 判断向量组的线性相关性

第1章中关于二维、三维向量构成的向量组，其线性相关性可以从几何角度理解，而对于 n 维向量构成的向量组，失去几何背景，要研究其线性相关性也是线性代数学习中的一个难点. 本节重点归纳向量组的线性相关性的判定方法.

给定一组 n 维向量 $\boldsymbol{\alpha}_1$，$\boldsymbol{\alpha}_2$，…，$\boldsymbol{\alpha}_s$，判定其线性相关(无关)的方法如下.

(1) 定义法.

设 $k_1\boldsymbol{\alpha}_1+k_2\boldsymbol{\alpha}_2+\cdots+k_s\boldsymbol{\alpha}_s=\mathbf{0}$，充分利用题目给出的条件，若上式成立当且仅当 $k_1=k_2=\cdots=k_s=0$，则 $\boldsymbol{\alpha}_1$，$\boldsymbol{\alpha}_2$，…，$\boldsymbol{\alpha}_s$ 线性无关，否则，若能找到不全为零的数 k_1，k_2，…，k_s，使上式成立，则 $\boldsymbol{\alpha}_1$，$\boldsymbol{\alpha}_2$，…，$\boldsymbol{\alpha}_s$ 线性相关.

(2) 利用矩阵的秩判定.

令 $\boldsymbol{A}=(\boldsymbol{\alpha}_1,\boldsymbol{\alpha}_2,\cdots,\boldsymbol{\alpha}_m)$，其中 $\boldsymbol{\alpha}_i$ 是 n 维列向量，$i=1,2,\cdots,m$，则 $\boldsymbol{A}$ 是一个 $n\times s$ 矩阵. 求出 $R(\boldsymbol{A})=r$.

(i) 若 $r<m$，则 $\boldsymbol{\alpha}_1$，$\boldsymbol{\alpha}_2$，…，$\boldsymbol{\alpha}_m$ 线性相关；

(ii) 若 $r=m$，则 $\boldsymbol{\alpha}_1$，$\boldsymbol{\alpha}_2$，…，$\boldsymbol{\alpha}_m$ 线性无关.

(3) 利用行列式判定.

当 $m=n$，即 $\boldsymbol{A}=(\boldsymbol{\alpha}_1,\boldsymbol{\alpha}_2,\cdots,\boldsymbol{\alpha}_m)$是一个 n 阶方阵，此时

$$\boldsymbol{\alpha}_1,\boldsymbol{\alpha}_2,\cdots,\boldsymbol{\alpha}_m \text{ 线性相关} \Leftrightarrow |\boldsymbol{A}|=0$$

(4) 转化为判别齐次线性方程组是否有非零解.

令 $\boldsymbol{A}=(\boldsymbol{\alpha}_1,\boldsymbol{\alpha}_2,\cdots,\boldsymbol{\alpha}_m)$，则 $\boldsymbol{\alpha}_1$，$\boldsymbol{\alpha}_2$，…，$\boldsymbol{\alpha}_m$ 线性相关$\Leftrightarrow$齐次线性方程组 $\boldsymbol{Ax}=\mathbf{0}$ 有非零解.

另外，读者注意判断向量组线性相关性的基本性质.

实质上，利用矩阵的秩判定向量组的线性相关性也是一种常见方法. 利用矩阵的初等变换，将矩阵化为阶梯形，当秩小于向量的个数时，向量组线性相关，当矩阵的秩等于向量的个数时，向量组线性无关. 但注意，转化为判别齐次线性方程 $\boldsymbol{AX}=\mathbf{0}$ 是否有非零解，只需对系数矩阵 $\boldsymbol{A}$ 施行初等行变换，化为行最简形，若行最简形中有零行，则向量组线性相关，若行最简形无零行，则向量组线性无关.

例 8 已知 $\boldsymbol{\alpha}_1$，$\boldsymbol{\alpha}_2$，$\boldsymbol{\alpha}_3$ 线性无关，判别下面向量组的线性相关性.

(1) $\boldsymbol{\alpha}_1+\boldsymbol{\alpha}_2$，$\boldsymbol{\alpha}_2+\boldsymbol{\alpha}_3$，$\boldsymbol{\alpha}_3+\boldsymbol{\alpha}_1$；

(2) $\boldsymbol{\alpha}_1-\boldsymbol{\alpha}_2$，$\boldsymbol{\alpha}_2-\boldsymbol{\alpha}_3$，$\boldsymbol{\alpha}_3-\boldsymbol{\alpha}_1$；

(3) $\boldsymbol{\beta}_1=\boldsymbol{\alpha}_1+\boldsymbol{\alpha}_2$，$\boldsymbol{\beta}_2=2\boldsymbol{\alpha}_1+3\boldsymbol{\alpha}_2$，$\boldsymbol{\beta}_3=\boldsymbol{\alpha}_1-2\boldsymbol{\alpha}_3$

解 (1) 用定义，设

$$k_1(\boldsymbol{\alpha}_1+\boldsymbol{\alpha}_2)+k_2(\boldsymbol{\alpha}_2+\boldsymbol{\alpha}_3)+k_3(\boldsymbol{\alpha}_3+\boldsymbol{\alpha}_1)=\mathbf{0}$$

即 $(k_1+k_3)\boldsymbol{\alpha}_1+(k_1+k_2)\boldsymbol{\alpha}_2+(k_2+k_3)\boldsymbol{\alpha}_3=\mathbf{0}$

而 $\boldsymbol{\alpha}_1$，$\boldsymbol{\alpha}_2$，$\boldsymbol{\alpha}_3$ 线性无关，则有

$$\begin{cases} k_1 \quad\quad +k_3=0 \\ k_1+k_2 \quad\quad =0 \\ \quad\quad k_2+k_3=0 \end{cases}$$

则系数行列式 $\begin{vmatrix} 1 & 0 & 1 \\ 1 & 1 & 0 \\ 0 & 1 & 1 \end{vmatrix}=2\neq0$，故 $k_1=k_2=k_3=0$.

从而 $\boldsymbol{\alpha}_1+\boldsymbol{\alpha}_2$，$\boldsymbol{\alpha}_2+\boldsymbol{\alpha}_3$，$\boldsymbol{\alpha}_3+\boldsymbol{\alpha}_1$ 线性无关.

(2) 显然有

$$1\cdot(\boldsymbol{\alpha}_1-\boldsymbol{\alpha}_2)+1\cdot(\boldsymbol{\alpha}_2-\boldsymbol{\alpha}_3)+1\cdot(\boldsymbol{\alpha}_3-\boldsymbol{\alpha}_1)=\mathbf{0}$$

故 $\boldsymbol{\alpha}_1-\boldsymbol{\alpha}_2$，$\boldsymbol{\alpha}_2-\boldsymbol{\alpha}_3$，$\boldsymbol{\alpha}_3-\boldsymbol{\alpha}_1$ 线性相关.

(3) 同(1)的方法判断之，或用向量组相互线性表示之间秩的关系判断之.

因为 $\boldsymbol{\beta}_1$、$\boldsymbol{\beta}_2$、$\boldsymbol{\beta}_3$ 可由 $\boldsymbol{\alpha}_1$、$\boldsymbol{\alpha}_2$ 线性表示，则

$$R(\boldsymbol{\beta}_1、\boldsymbol{\beta}_2、\boldsymbol{\beta}_3)\leqslant R(\boldsymbol{\alpha}_1、\boldsymbol{\alpha}_2)$$

而由 $\boldsymbol{\alpha}_1$、$\boldsymbol{\alpha}_2$、$\boldsymbol{\alpha}_3$ 线性无关易知 $\boldsymbol{\alpha}_1$，$\boldsymbol{\alpha}_2$ 必线性无关，即

$$R(\boldsymbol{\alpha}_1,\boldsymbol{\alpha}_2)=2$$

故

$$R(\boldsymbol{\beta}_1,\boldsymbol{\beta}_2,\boldsymbol{\beta}_3)\leqslant 2$$

从而 $\boldsymbol{\beta}_1$、$\boldsymbol{\beta}_2$、$\boldsymbol{\beta}_3$ 线性相关.

例 9 已知向量 $\boldsymbol{\alpha}_1=(1,-1,2,4)$，$\boldsymbol{\alpha}_2=(0,3,1,2)$，$\boldsymbol{\alpha}_3=(3,0,7,a)$，$\boldsymbol{\alpha}_4=(1,-2,2,0)$线性相关，求 a.

解 利用矩阵的秩讨论.

$$\boldsymbol{A}=\begin{bmatrix}\boldsymbol{\alpha}_1\\ \boldsymbol{\alpha}_2\\ \boldsymbol{\alpha}_3\\ \boldsymbol{\alpha}_4\end{bmatrix}=\begin{bmatrix}1 & -1 & 2 & 4\\ 0 & 3 & 1 & 2\\ 3 & 0 & 7 & a\\ 1 & -2 & 2 & 0\end{bmatrix}\xrightarrow[r_3-3r_1]{r_4-r_1}\begin{bmatrix}1 & -1 & 2 & 4\\ 0 & 3 & 1 & 2\\ 0 & 3 & 1 & a-12\\ 0 & -1 & 0 & -4\end{bmatrix}$$

$$\xrightarrow[r_3-r_2]{r_4+\frac{1}{3}r_2}\begin{bmatrix}1 & -1 & 2 & 4\\ 0 & 3 & 1 & 2\\ 0 & 0 & 0 & a-14\\ 0 & 0 & \frac{1}{3} & -\frac{10}{3}\end{bmatrix}$$

$$\xrightarrow[3r_4]{r_3\leftrightarrow r_4}\begin{bmatrix}1 & -1 & 2 & 4\\ 0 & 3 & 1 & 2\\ 0 & 0 & 1 & -10\\ 0 & 0 & 0 & a-14\end{bmatrix}$$

可知当 $a-14=0$，即 $a=14$ 时，$R(\boldsymbol{A})=3$，故 $\boldsymbol{\alpha}_1$，$\boldsymbol{\alpha}_2$，$\boldsymbol{\alpha}_3$，$\boldsymbol{\alpha}_4$ 线性相关.

例 10 设 $\boldsymbol{A}$ 是 $n\times m$ 矩阵，$\boldsymbol{B}$ 是 $m\times n$ 矩阵，满足 $\boldsymbol{AB}=\boldsymbol{E}$. 证明：$\boldsymbol{B}$ 的列向量线性无关.

证法一 考虑齐次线性方程组 $\boldsymbol{BX}=\mathbf{0}$ 是否只有零解.

对 $\boldsymbol{BX}=\mathbf{0}$ 两边同时左乘 $\boldsymbol{A}$，得

$$\boldsymbol{ABX}=\mathbf{0}$$

由 $\boldsymbol{AB}=\boldsymbol{E}$ 得 $\boldsymbol{X}=\mathbf{0}$.

故齐次线性方程组 $\boldsymbol{BX}=\mathbf{0}$ 只有零解，故系数矩阵 $\boldsymbol{B}$ 列满秩，即 $\boldsymbol{B}$ 的列向量组线性

无关.

证法二 由 $\boldsymbol{AB}=\boldsymbol{E}$ 知，$R(\boldsymbol{AB})=R(\boldsymbol{E})=n$，而 $R(\boldsymbol{AB})\leqslant R(\boldsymbol{B})$，即有 $R(\boldsymbol{B})\geqslant n$.

又因为 $\boldsymbol{B}$ 是 $m\times n$ 矩阵，则有 $R(\boldsymbol{B})\leqslant n$.

所以 $R(\boldsymbol{B})=n$.

故 $\boldsymbol{B}$ 的列向量组线性无关.

证法三 设 $\boldsymbol{B}=(\boldsymbol{b}_1, \boldsymbol{b}_2, \cdots, \boldsymbol{b}_n)$考虑

$$x_1\boldsymbol{b}_1+x_2\boldsymbol{b}_2+\cdots+x_n\boldsymbol{b}_n=\boldsymbol{0}$$

两边同时左乘 $\boldsymbol{A}$，有

$$x_1\boldsymbol{Ab}_1+x_2\boldsymbol{Ab}_2+\cdots+x_n\boldsymbol{Ab}_n=\boldsymbol{0}$$

故 $\boldsymbol{AB}=\boldsymbol{E}$，有

$$\boldsymbol{AB}=\boldsymbol{A}(\boldsymbol{b}_1, \boldsymbol{b}_2, \cdots, \boldsymbol{b}_n)=(\boldsymbol{Ab}_1, \boldsymbol{Ab}_2, \cdots, \boldsymbol{Ab}_n)=\begin{bmatrix}1 & 0 & \cdots & 0\\ 0 & 1 & \cdots & 0\\ \vdots & \vdots & \ddots & \vdots\\ 0 & 0 & \cdots & 1\end{bmatrix}$$

即

$$\boldsymbol{Ab}_1=\begin{bmatrix}1\\0\\\vdots\\0\end{bmatrix}, \boldsymbol{Ab}_2=\begin{bmatrix}0\\1\\\vdots\\0\end{bmatrix}, \cdots, \boldsymbol{Ab}_n=\begin{bmatrix}0\\0\\\vdots\\1\end{bmatrix}$$

代入上式，得

$$x_1\begin{bmatrix}1\\0\\\vdots\\0\end{bmatrix}+x_2\begin{bmatrix}0\\1\\\vdots\\0\end{bmatrix}+\cdots+x_n\begin{bmatrix}0\\0\\\vdots\\1\end{bmatrix}=\boldsymbol{0}$$

即

$$x_1=x_2=\cdots=x_n=0$$

故 $\boldsymbol{b}_1, \boldsymbol{b}_2, \cdots, \boldsymbol{b}_n$ 线性无关，即 $\boldsymbol{B}$ 的列向量组线性无关.

2.7 求向量组的极大线性无关组

求向量组的极大线性无关组，最方便、最常用的方法便是初等变换法. 利用初等变换法求向量组的极大无关组，主要是将向量组先构成矩阵，再利用矩阵的初等变换化成阶梯形矩阵，从而加以判断. 大多数教材针对这一问题都有介绍，但有的教材在做法上不尽完善，本节利用初等变换归纳求向量组的极大线性无关组的方法，主要有以下几种.

方法一 列向量组做初等行变换.

这一做法的依据是**初等行变换不改变列向量组的线性相关性**(见本书第 4 章第 2 节定理 2)，这是最常用、最基本的方法，也是从求解线性方程组中总结出来的一种实用方法.

例 11 求向量组 $\boldsymbol{\alpha}_1=(1, 4, 1, 0)$，$\boldsymbol{\alpha}_2=(2, 1, -1, -3)$，$\boldsymbol{\alpha}_3=(1, 0, -3, -1)$，$\boldsymbol{\alpha}_4=(0, 2, -6, 3)$的一个极大线性无关组，并用其表示组内其他向量.

解 将向量组作为列向量构成矩阵 $\boldsymbol{A}$，对 $\boldsymbol{A}$ 作初等行变换化成阶梯形矩阵.

$$\boldsymbol{A}=[\boldsymbol{\alpha}_1^{\mathrm{T}},\boldsymbol{\alpha}_2^{\mathrm{T}},\boldsymbol{\alpha}_3^{\mathrm{T}},\boldsymbol{\alpha}_4^{\mathrm{T}}]=\begin{bmatrix}1&2&1&0\\4&1&0&2\\1&-1&-3&-6\\0&-3&-1&3\end{bmatrix}\xrightarrow[r_3-r_1]{r_2-4r_1}\begin{bmatrix}1&2&1&0\\0&-7&-4&2\\0&-3&-4&-6\\0&-3&-1&3\end{bmatrix}$$

$$\xrightarrow[r_3-r_4]{r_2-2r_4}\begin{bmatrix}1&2&1&0\\0&-1&-2&-4\\0&0&-3&-9\\0&-3&-1&3\end{bmatrix}\xrightarrow[\substack{r_2\times(-1)\\ r_3\times\left(-\frac{1}{3}\right)}]{\substack{r_1+2r_2\\ r_4-3r_2}}\begin{bmatrix}1&0&-3&-8\\0&1&2&4\\0&0&1&3\\0&0&5&15\end{bmatrix}$$

$$\xrightarrow[r_4-5r_3]{\substack{r_1+3r_3\\ r_2-2r_3}}\begin{bmatrix}1&0&0&1\\0&1&0&-2\\0&0&1&3\\0&0&0&0\end{bmatrix}$$

可见秩为 3，$\boldsymbol{\alpha}_1$、$\boldsymbol{\alpha}_2$、$\boldsymbol{\alpha}_3$ 可取为一个极大线性无关组，且 $\boldsymbol{\alpha}_4=\boldsymbol{\alpha}_1-2\boldsymbol{\alpha}_2+3\boldsymbol{\alpha}_3$.

方法二　行向量组作初等列变换.

具体求解过程与方法一类似，只是稍作改变，将行向量组构成的矩阵用初等列变换化为列阶梯形矩阵(与行阶梯形对应地理解)，则列阶梯形中的非零列的首非零元所在行对应的向量构成向量组的极大线性无关组，此方法的依据是初等列变换不改变行向量之间的线性相关性.

例 12　已知向量组 $\boldsymbol{\alpha}_1=(2,4,2)$，$\boldsymbol{\alpha}_2=(1,1,0)$，$\boldsymbol{\alpha}_3=(2,3,1)$，$\boldsymbol{\alpha}_4=(3,5,2)$，求其一个极大线性无关组.

解

$$\boldsymbol{A}=\begin{bmatrix}\boldsymbol{\alpha}_1\\\boldsymbol{\alpha}_2\\\boldsymbol{\alpha}_3\\\boldsymbol{\alpha}_4\end{bmatrix}=\begin{bmatrix}2&4&2\\1&1&0\\2&3&1\\3&5&2\end{bmatrix}\xrightarrow[c_3-c_1]{c_2-2c_1}\begin{bmatrix}2&0&0\\1&-1&-1\\2&-1&-1\\3&-1&-1\end{bmatrix}\xrightarrow{c_3-c_2}\begin{bmatrix}2&0&0\\1&-1&0\\2&-1&0\\3&-1&0\end{bmatrix}=\boldsymbol{B}$$

可知 $R(\boldsymbol{A})=2$，向量组的极大线性无关组含 2 个向量，非零列的首非零元所在行对应的向量 $\boldsymbol{\alpha}_1$，$\boldsymbol{\alpha}_2$ 构成向量组的一个极大线性无关组，当然 $\boldsymbol{\alpha}_1$，$\boldsymbol{\alpha}_3$ 与 $\boldsymbol{\alpha}_1$，$\boldsymbol{\alpha}_4$ 也分别是该向量组的极大无关组.

上述两种方法没有本质区别，都是在向量组的分量间进行线性运算，从而进行判断.

方法三　行向量组作初等行变换.

将向量组按行构成矩阵，再对其作初等行变换，由于矩阵的初等行变换不改变矩阵的秩，即不会改变向量组的秩，同时要找出该向量组的极大线性无关组，则不能做行交换这一初等变换. 由于行交换并不独立，则可通过倍加变换和倍乘变换得到行交换变换，因此对行向量组施行初等行变换，不必过于强调将矩阵化为阶梯形矩阵，可以只将矩阵化为准阶梯形，尽量避免行交换.

例 13　求向量组 $\boldsymbol{\alpha}_1=(1,-2,3,-1,2)$，$\boldsymbol{\alpha}_2=(3,-1,5,-3,-1)$，$\boldsymbol{\alpha}_3=(5,0,7,-5,-4)$，$\boldsymbol{\alpha}_4=(2,1,2,-2,-3)$的一个极大线性无关组，并将其余向量表示为极大线性无关组的线性组合.

解 将 $\boldsymbol{\alpha}_1$，$\boldsymbol{\alpha}_2$，$\boldsymbol{\alpha}_3$，$\boldsymbol{\alpha}_4$ 看作某个矩阵的行向量组，对其进行初等行变换：

$$\boldsymbol{A}=\begin{bmatrix}\boldsymbol{\alpha}_1\\ \boldsymbol{\alpha}_2\\ \boldsymbol{\alpha}_3\\ \boldsymbol{\alpha}_4\end{bmatrix}=\begin{bmatrix}1 & -2 & 3 & -1 & 2\\ 3 & -1 & 5 & -3 & -1\\ 5 & 0 & 7 & -5 & -4\\ 2 & 1 & 2 & -2 & -3\end{bmatrix}\quad\begin{matrix}\boldsymbol{\alpha}_1\\ \boldsymbol{\alpha}_2\\ \boldsymbol{\alpha}_3\\ \boldsymbol{\alpha}_4\end{matrix}$$

$$\xrightarrow[r_2-3r_1]{\substack{r_4-2r_1\\ r_3-5r_1}}\begin{bmatrix}1 & -2 & 3 & -1 & 2\\ 0 & 5 & -4 & 0 & -7\\ 0 & 10 & -8 & 0 & -14\\ 0 & 5 & -4 & 0 & -7\end{bmatrix}\quad\begin{matrix}\boldsymbol{\alpha}_1\\ \boldsymbol{\alpha}_2-3\boldsymbol{\alpha}_1\\ \boldsymbol{\alpha}_3-5\boldsymbol{\alpha}_1\\ \boldsymbol{\alpha}_4-2\boldsymbol{\alpha}_1\end{matrix}$$

$$\xrightarrow[r_3-2r_2]{r_4-r_2}\begin{bmatrix}1 & -2 & 3 & -1 & 2\\ 0 & 5 & -4 & 0 & -7\\ 0 & 0 & 0 & 0 & 0\\ 0 & 0 & 0 & 0 & 0\end{bmatrix}\quad\begin{matrix}\boldsymbol{\alpha}_1\\ \boldsymbol{\alpha}_2-3\boldsymbol{\alpha}_1\\ \boldsymbol{\alpha}_3-2\boldsymbol{\alpha}_2+\boldsymbol{\alpha}_1\\ \boldsymbol{\alpha}_4-\boldsymbol{\alpha}_2+\boldsymbol{\alpha}_1\end{matrix}$$

从上述阶梯形中可看出，原向量组的秩为 2，且 $\boldsymbol{\alpha}_3-2\boldsymbol{\alpha}_2+\boldsymbol{\alpha}_1=\boldsymbol{0}$，$\boldsymbol{\alpha}_4-\boldsymbol{\alpha}_2+\boldsymbol{\alpha}_1=\boldsymbol{0}$，即 $\boldsymbol{\alpha}_3=2\boldsymbol{\alpha}_2-\boldsymbol{\alpha}_1$，$\boldsymbol{\alpha}_4=\boldsymbol{\alpha}_2-\boldsymbol{\alpha}_1$. 因此，$\boldsymbol{\alpha}_1$，$\boldsymbol{\alpha}_2$ 是 $\boldsymbol{\alpha}_1$，$\boldsymbol{\alpha}_2$，$\boldsymbol{\alpha}_3$，$\boldsymbol{\alpha}_4$ 的极大线性无关组.

要点提示: 在做初等行变换时，用相应行向量的线性运算把各步变换表达出来，最后找零行，则线性运算后的形式为零向量，即找出极大线性无关组的同时，写出其余向量用极大线性无关组表示的表达式.

方法四　行向量组作初等变换法.

将向量组以行向量构成矩阵，再可以用初等变换将其化成阶梯形矩阵，既可以有初等行变换，也可以有初等列变换，作行变换时不能作行交换变换，倍加变换只能从上到下或从下到上. 由于初等列变换不改变行向量组的线性关系，在作行变换过程中可以任意做列变换，二者结合起来，计算量会小一些，应该会更快一些.

例 14　求下列向量组的一个极大无关组.

$\boldsymbol{\alpha}_1=(2,1,3,-1)$，$\boldsymbol{\alpha}_2=(3,-1,2,0)$，$\boldsymbol{\alpha}_3=(4,2,6,-2)$，$\boldsymbol{\alpha}_4=(4,-3,1,1)$.

解

$$\boldsymbol{A}=\begin{bmatrix}\boldsymbol{\alpha}_1\\ \boldsymbol{\alpha}_2\\ \boldsymbol{\alpha}_3\\ \boldsymbol{\alpha}_4\end{bmatrix}=\begin{bmatrix}2 & 1 & 3 & -1\\ 3 & -1 & 2 & 0\\ 4 & 2 & 6 & -2\\ 4 & -3 & 1 & 1\end{bmatrix}\xrightarrow{c_1\leftrightarrow c_2}\begin{bmatrix}1 & 2 & 3 & -1\\ -1 & 3 & 2 & 0\\ 2 & 4 & 6 & -2\\ -3 & 4 & 1 & 1\end{bmatrix}$$

$$\xrightarrow[r_4+3r_1]{\substack{r_2+r_1\\ r_3-2r_1}}\begin{bmatrix}1 & 2 & 3 & -1\\ 0 & 5 & 5 & -1\\ 0 & 0 & 0 & 0\\ 0 & 10 & 10 & -2\end{bmatrix}\xrightarrow{r_4-2r_2}\begin{bmatrix}1 & 2 & 3 & -1\\ 0 & 5 & 5 & -1\\ 0 & 0 & 0 & 0\\ 0 & 0 & 0 & 0\end{bmatrix}$$

即 $\boldsymbol{\alpha}_1$、$\boldsymbol{\alpha}_2$ 构成一个极大线性无关组.

2.8　判断向量组的等价

由于向量可以作为特殊的矩阵，也可作为矩阵的一部分，n 个 m 维列向量组成的向量

组即可作为一个 $m\times n$ 矩阵，所以矩阵与向量组之间有着密切联系. 然而，判断向量组的等价是线性代数中一类重要的问题，我们可以通过矩阵的初等变换判断向量组的等价问题. 大家要注意，矩阵的等价与向量组的等价没有必然的联系，因为矩阵等价是指：

$\boldsymbol{A}\xrightarrow[\text{初等变换}]{\text{经过一系列}}\boldsymbol{B}$，称 $\boldsymbol{A}$ 与 $\boldsymbol{B}$ 等价，即存在可逆阵 $\boldsymbol{P}$、$\boldsymbol{Q}$ 使 $\boldsymbol{PAQ}=\boldsymbol{B}$($\boldsymbol{A}$ 与 $\boldsymbol{B}$ 同型)且 $R(\boldsymbol{A})=R(\boldsymbol{B})$.

而向量组等价是指两个向量组能相互线性表示.

在线性代数教材中，有结论："等价的向量组有相同的秩"，其逆命题不成立，即有相同秩的两个向量组不一定等价. 换言之，等秩只是等价的必要条件，而非充分条件，反例如下：

向量组 A：$\boldsymbol{\alpha}_1=(1,0,0,0)^{\mathrm{T}}$，$\boldsymbol{\alpha}_2=(0,1,0,0)^{\mathrm{T}}$

向量组 B：$\boldsymbol{\beta}_1=(0,0,1,0)^{\mathrm{T}}$，$\boldsymbol{\beta}_2=(0,0,0,1)^{\mathrm{T}}$.

显然 $R(A)=R(B)=2$，但向量组 A 与 B 不等价.

那么，在等秩的向量组上附加一些什么条件才可以判断向量组的等价呢？

于是，建立如下定理.

定理 4 设有 n 维列向量组 A：$\boldsymbol{\alpha}_1,\boldsymbol{\alpha}_2,\cdots,\boldsymbol{\alpha}_r$ 和向量组 B：$\boldsymbol{\beta}_1,\boldsymbol{\beta}_2,\cdots,\boldsymbol{\beta}_s$，构造向量组 C：$\boldsymbol{\alpha}_1,\boldsymbol{\alpha}_2,\cdots,\boldsymbol{\alpha}_r,\boldsymbol{\beta}_1,\boldsymbol{\beta}_2,\cdots,\boldsymbol{\beta}_s$，则向量组 A 与向量组 B 等价的充要条件是：A、B、C 三个向量组秩相等.

证明：(必要性). 已知向量组 A 与向量组 B 等价，则秩相等，不妨设 $R(A)=R(B)=m(m\leqslant\min\{r,s\})$，并设向量组 A 的极大无关组为 $\boldsymbol{\alpha}_{k_1},\boldsymbol{\alpha}_{k_2},\cdots,\boldsymbol{\alpha}_{k_m}$，向量组 B 的极大线性无关组为 $\boldsymbol{\beta}_{l_1},\boldsymbol{\beta}_{l_2},\cdots,\boldsymbol{\beta}_{l_m}$($l\leqslant k_i$，$l_i\leqslant r$，$i=1,2,\cdots,m$). 当然，以上两个无关组等价，从而向量组 C 的每个向量均可由 $\boldsymbol{\alpha}_{k_1},\boldsymbol{\alpha}_{k_2},\cdots,\boldsymbol{\alpha}_{k_m}$ 线性表出，也可由 $\boldsymbol{\beta}_{l_1},\boldsymbol{\beta}_{l_2},\cdots,\boldsymbol{\beta}_{l_m}$ 线性表示. 所以向量 $\boldsymbol{\alpha}_{k_1},\boldsymbol{\alpha}_{k_2},\cdots,\boldsymbol{\alpha}_{k_m}$ 与向量组 $\boldsymbol{\beta}_{l_1},\boldsymbol{\beta}_{l_2},\cdots,\boldsymbol{\beta}_{l_m}$ 均为量组 C 的极大无关组，即

$$R(A)=R(B)=R(C)=m$$

(充分性). 设 $R(A)=R(B)=R(C)=m$.

因向量组 A 的极大无关组的个数为 m，而 C 包含 A 且极大无关组的个数也为 m，所以 A 的极大无关组即为 C 的极大无关组，同理，B 的极大无关组也是 C 的极大无关组，因此 A 与 B 等价.

有了此定理，我们用来判断两个向量组的等价就方便多了. 由于求向量组的秩在本章第 4 节中已讨论，即可通过构造相应的矩阵后，对其施行初等行变换化为阶梯形来判断. 因此，这一类问题是在上述定理的基础上归结为矩阵的初等变换求向量组的秩，进而判断向量组的等价，具体方法如下所述.

已知列向量组 A：$\boldsymbol{\alpha}_1,\boldsymbol{\alpha}_2,\cdots,\boldsymbol{\alpha}_r$，列向量组 B：$\boldsymbol{\beta}_1,\boldsymbol{\beta}_2,\cdots,\boldsymbol{\beta}_s$.

第一步：构造矩阵 $C=[\boldsymbol{\alpha}_1,\boldsymbol{\alpha}_2,\cdots,\boldsymbol{\alpha}_r,\boldsymbol{\beta}_1,\boldsymbol{\beta}_2,\cdots,\boldsymbol{\beta}_s]=[A\,\vdots\,B]$

第二步：对 C 做初等行变换(因初等行变换不改变列向量组的线性相关性)，判断 $R(A)=R(B)=R(C)$ 是否成立？若成立，向量组 A 与向量组 B 等价，否则，不等价.

例 15 已知向量组 A：$\boldsymbol{\alpha}_1(0,1,0,0)^{\mathrm{T}}$，$\boldsymbol{\alpha}_2=(1,0,1,1)^{\mathrm{T}}$，$\boldsymbol{\alpha}_3=(1,1,1,1)^{\mathrm{T}}$. 向量组 B：$\boldsymbol{\beta}_1=(2,-1,3,4)^{\mathrm{T}}$，$\boldsymbol{\beta}_2=(0,2,-1,2)^{\mathrm{T}}$，试判断向量组 A 与向量组 B 是否等价？

解 构造矩阵

$$C=[\boldsymbol{\alpha}_1,\boldsymbol{\alpha}_2,\boldsymbol{\alpha}_3,\boldsymbol{\beta}_1,\boldsymbol{\beta}_2]=\begin{bmatrix}0&1&1&2&0\\1&0&1&-1&2\\0&1&1&3&-1\\0&1&1&4&2\end{bmatrix}$$

则

$$C\xrightarrow{r_1\leftrightarrow r_2}\begin{bmatrix}1&0&1&-1&2\\0&1&1&2&0\\0&1&1&3&-1\\0&1&1&4&2\end{bmatrix}\xrightarrow[r_4-r_2]{r_3-r_2}\begin{bmatrix}1&0&1&-1&2\\0&1&1&2&0\\0&0&0&1&-1\\0&0&0&2&2\end{bmatrix}$$

$$\xrightarrow{r_4-2r_3}\begin{bmatrix}1&0&1&-1&2\\0&1&1&2&0\\0&0&0&1&-1\\0&0&0&0&4\end{bmatrix}$$

可见 $R(A)=R(B)=R(C)=2$，而 $R(C)=4$，故向量组 A 与 B 不等价.

例 16 由 $\boldsymbol{\alpha}_1=(1, 1, 0, 0)^{\mathrm{T}}$，$\boldsymbol{\alpha}_2=(1, 0, 1, 1)^{\mathrm{T}}$ 所生成的向量空间记为 $\mathbf{V}_1$，即 $\mathbf{V}_1=\mathrm{span}\{\boldsymbol{\alpha}_1, \boldsymbol{\alpha}_2\}$，由 $\boldsymbol{\beta}_1=(2, -1, 3, 3)^{\mathrm{T}}$，$\boldsymbol{\beta}_2=(0, 1, -1, -1)^{\mathrm{T}}$ 所生成的向量空间记为 $\mathbf{V}_2$，即 $\mathbf{V}_2=\mathrm{span}\{\boldsymbol{\beta}_1, \boldsymbol{\beta}_2\}$，试证：$\mathbf{V}_1=\mathbf{V}_2$.

证明：因为

$$\mathbf{V}_1=\mathrm{span}\{\boldsymbol{\alpha}_1, \boldsymbol{\alpha}_2\}=\{\boldsymbol{\alpha}\mid\boldsymbol{\alpha}=k_1\boldsymbol{\alpha}_1+k_2\boldsymbol{\alpha}_2\mid k_1, k_2\in\mathbf{R}\}$$
$$\mathbf{V}_2=\mathrm{span}\{\boldsymbol{\beta}_1, \boldsymbol{\beta}_2\}=\{\boldsymbol{\beta}\mid\boldsymbol{\beta}=l_1\boldsymbol{\beta}_1+l_2\boldsymbol{\beta}_2\mid l_1, l_2\in\mathbf{R}\}$$

显然，若能证明向量组 A：$\boldsymbol{\alpha}_1$，$\boldsymbol{\alpha}_2$ 与向量组 B：$\boldsymbol{\beta}_1$，$\boldsymbol{\beta}_2$ 等价，则 $\mathbf{V}_1=\mathbf{V}_2$.

构造矩阵 $C=[A\,\vdots\,B]=\begin{bmatrix}1&1&2&0\\1&0&-1&1\\0&1&3&-1\\0&1&3&-1\end{bmatrix}$，则

$$\boldsymbol{C}\xrightarrow[r_4-r_3]{r_2\leftrightarrow r_1}\begin{bmatrix}1&0&-1&1\\1&1&2&0\\0&1&3&-1\\0&0&0&0\end{bmatrix}\xrightarrow{r_2-r_1}\begin{bmatrix}1&0&-1&-1\\0&1&3&-1\\0&1&3&-1\\0&0&0&0\end{bmatrix}\xrightarrow{r_3-r_2}\begin{bmatrix}1&0&-1&-1\\0&1&3&-1\\0&0&0&0\\0&0&0&0\end{bmatrix}$$

易知 $R(A)=R(B)=R(C)=2$.

故向量组 A 与向量组 B 等价，即有 $\mathbf{V}_1=\mathbf{V}_2$.

2.9 化二次型为标准形

若二次型 $f(x_1, x_2, \cdots, x_n)=\sum_{i=1}^{n}\sum_{j=1}^{n}a_{ij}x_ix_j=\boldsymbol{X}^{\mathrm{T}}\boldsymbol{AX}$，通过可逆的线性变换 $\boldsymbol{X}=\boldsymbol{CY}$，化为

$$f=d_1y_1^2+d_2y_2^2+\cdots+d_ny_n^2$$

称为 f 的标准形.

而化二次型 $f=\sum_{i=1}^{n}\sum_{j=1}^{n}a_{ij}x_ix_j$ 为标准形的方法共有三种：

(1) 配方法：若 f 含有平方项，即若某平方项系数 $a_{ii}\neq 0$，就将含 x_i 的项归并在一起，并对其进行配方；若 f 没有平方项时，可先作一个可逆的线性变换凑出平方项，再进行配方.

(2) 初等变换法：设 f 对应的矩阵为 $\boldsymbol{A}$，对 $[\boldsymbol{A}\vdots\boldsymbol{E}]$ 施行成套的初等行、列变换.

$$[\boldsymbol{A}\ \vdots\ \boldsymbol{E}]\xrightarrow[\text{对 }\boldsymbol{E}\text{ 只作相应的初等行变换}]{\text{对 }\boldsymbol{A}\text{ 施行成套的初等行、列变换}}[\boldsymbol{\Lambda}\ \vdots\ \boldsymbol{C}^{\mathrm{T}}]$$

其中 $\boldsymbol{\Lambda}=\begin{bmatrix}\boldsymbol{d}_1 & & & \\ & \boldsymbol{d}_2 & & \\ & & \ddots & \\ & & & \boldsymbol{d}_n\end{bmatrix}$ 为对角阵.

或者对 $\begin{pmatrix}\boldsymbol{A}\\ \cdots\\ \boldsymbol{E}\end{pmatrix}$ 施行成套的初等行、列变换.

$$\begin{pmatrix}\boldsymbol{A}\\ \cdots\\ \boldsymbol{E}\end{pmatrix}\xrightarrow[\text{对 }\boldsymbol{E}\text{ 只作相应的初等列变换}]{\text{对 }\boldsymbol{A}\text{ 施行成套的初等行、列变换}}\begin{pmatrix}\boldsymbol{\Lambda}\\ \cdots\\ \boldsymbol{C}\end{pmatrix}$$

其中 $\boldsymbol{\Lambda}=\begin{bmatrix}d_1 & & & \\ & d_2 & & \\ & & \ddots & \\ & & & d_n\end{bmatrix}$ 为对角阵.

即 f 可经过可逆线性变换 $\boldsymbol{X}=\boldsymbol{CY}$ 化为标准形

$$f=d_1y_1^2+d_2y_2^2+\cdots+d_ny_n^2$$

(3) 正交变换法：对 f 所对应的实对称矩阵 $\boldsymbol{A}$，则存在正交矩阵 $\boldsymbol{Q}$，使

$$\boldsymbol{Q}^{\mathrm{T}}\boldsymbol{A}\boldsymbol{A}=\begin{bmatrix}\lambda_1 & & & \\ & \lambda_2 & & \\ & & \ddots & \\ & & & \lambda_n\end{bmatrix}$$

其中 $\lambda_1,\lambda_2,\cdots,\lambda_n$ 为 $\boldsymbol{A}$ 的特征值，即存在正交变换 $\boldsymbol{X}=\boldsymbol{QY}$，将 f 化成标准形

$$f=\lambda_1y_1^2+\lambda_2y_2^2+\cdots+\lambda_ny_n^2$$

第 3 章　分块矩阵及其应用

分块矩阵是矩阵论中重要内容之一，在线性代数中，分块矩阵也是一个十分重要的概念，它可以使高阶矩阵的表示简单明了，使矩阵的运算得以简化. 本章利用分块矩阵解决该课程中相关问题，如某些行列式的计算，证明矩阵秩的相关不等式，求逆矩阵，解高阶线性方程组以及求矩阵特征值与特征多项式等.

3.1　分块矩阵的初等变换

对某个单位矩阵进行如下分块$\begin{bmatrix} \boldsymbol{E}_m & \boldsymbol{0} \\ \boldsymbol{0} & \boldsymbol{E}_n \end{bmatrix}$.

对它进行两行(列)对换，某一行(列)左乘(右乘)一个矩阵 $\boldsymbol{P}$，一行(列)加上另一行(列)的 $\boldsymbol{P}$(矩阵)倍数，就可得到如下类型的一些矩阵.

$$\begin{bmatrix} \boldsymbol{0} & \boldsymbol{E}_n \\ \boldsymbol{E}_m & \boldsymbol{0} \end{bmatrix},\quad \begin{bmatrix} \boldsymbol{P} & \boldsymbol{0} \\ \boldsymbol{0} & \boldsymbol{E}_n \end{bmatrix},\quad \begin{bmatrix} \boldsymbol{E}_n & \boldsymbol{0} \\ \boldsymbol{0} & \boldsymbol{P} \end{bmatrix},\quad \begin{bmatrix} \boldsymbol{E}_m & \boldsymbol{P} \\ \boldsymbol{0} & \boldsymbol{E}_n \end{bmatrix},\quad \begin{bmatrix} \boldsymbol{E}_m & \boldsymbol{0} \\ \boldsymbol{P} & \boldsymbol{E}_n \end{bmatrix}$$

上述五类分块方阵称为广义初等矩阵.

与初等矩阵与初等变换的关系一样，上述这些矩阵左乘任一个分块矩阵$\begin{bmatrix} \boldsymbol{A} & \boldsymbol{B} \\ \boldsymbol{C} & \boldsymbol{D} \end{bmatrix}$.

只要分块乘法能够进行，其结果就是对它进行相应的变换：

$$\begin{bmatrix} \boldsymbol{0} & \boldsymbol{E}_m \\ \boldsymbol{E}_n & \boldsymbol{0} \end{bmatrix}\begin{bmatrix} \boldsymbol{A} & \boldsymbol{B} \\ \boldsymbol{C} & \boldsymbol{D} \end{bmatrix}=\begin{bmatrix} \boldsymbol{C} & \boldsymbol{D} \\ \boldsymbol{A} & \boldsymbol{B} \end{bmatrix} \tag{3-1}$$

$$\begin{bmatrix} \boldsymbol{P} & \boldsymbol{0} \\ \boldsymbol{0} & \boldsymbol{E}_n \end{bmatrix}\begin{bmatrix} \boldsymbol{A} & \boldsymbol{B} \\ \boldsymbol{C} & \boldsymbol{D} \end{bmatrix}=\begin{bmatrix} \boldsymbol{PA} & \boldsymbol{PB} \\ \boldsymbol{C} & \boldsymbol{D} \end{bmatrix} \tag{3-2}$$

$$\begin{bmatrix} \boldsymbol{E}_m & \boldsymbol{0} \\ \boldsymbol{P} & \boldsymbol{E}_n \end{bmatrix}\begin{bmatrix} \boldsymbol{A} & \boldsymbol{B} \\ \boldsymbol{C} & \boldsymbol{D} \end{bmatrix}=\begin{bmatrix} \boldsymbol{A} & \boldsymbol{B} \\ \boldsymbol{C}+\boldsymbol{PA} & \boldsymbol{D}+\boldsymbol{PB} \end{bmatrix} \tag{3-3}$$

同样，用它们右乘任一矩阵，进行分块乘法时也有相应的结果，在(3－3)中，适当地选择 $\boldsymbol{P}$，可使 $\boldsymbol{C}+\boldsymbol{PA}=\boldsymbol{0}$，例如 $\boldsymbol{A}$ 可逆时，选 $\boldsymbol{P}=-\boldsymbol{CA}^{-1}$，则 $\boldsymbol{C}+\boldsymbol{PA}=\boldsymbol{0}$，于是(3－3)的右端成为

$$\begin{bmatrix} \boldsymbol{A} & \boldsymbol{B} \\ \boldsymbol{0} & \boldsymbol{D}-\boldsymbol{CA}^{-1}\boldsymbol{B} \end{bmatrix}$$

这种形状的矩阵在求行列式、矩阵的秩和解决其它问题时是比较方便的，因此(3－3)中的运算非常有用. 下面介绍分块矩阵的应用.

3.2 分块矩阵的应用

(1) 行列式.

命题 1 设 $\boldsymbol{A}$、$\boldsymbol{B}$、$\boldsymbol{C}$、$\boldsymbol{D}$ 都是 n 阶方阵，$\boldsymbol{A}$ 可逆且 $\boldsymbol{CA}=\boldsymbol{AC}$，则

$$\begin{vmatrix} \boldsymbol{A} & \boldsymbol{B} \\ \boldsymbol{C} & \boldsymbol{D} \end{vmatrix} = |\boldsymbol{AD}-\boldsymbol{CB}|$$

证明：由分块矩阵的乘法易知

$$\begin{bmatrix} \boldsymbol{E}_n & \boldsymbol{0} \\ -\boldsymbol{CA}^{-1} & \boldsymbol{E}_n \end{bmatrix}\begin{bmatrix} \boldsymbol{A} & \boldsymbol{B} \\ \boldsymbol{C} & \boldsymbol{D} \end{bmatrix} = \begin{bmatrix} \boldsymbol{A} & \boldsymbol{B} \\ \boldsymbol{0} & \boldsymbol{D}-\boldsymbol{CA}^{-1}\boldsymbol{B} \end{bmatrix}$$

两边取行列式，即得

$$\begin{aligned} \begin{vmatrix} \boldsymbol{A} & \boldsymbol{B} \\ \boldsymbol{C} & \boldsymbol{D} \end{vmatrix} &= \begin{vmatrix} \boldsymbol{A} & \boldsymbol{B} \\ \boldsymbol{0} & \boldsymbol{D}-\boldsymbol{CA}^{-1}\boldsymbol{B} \end{vmatrix} \\ &= |\boldsymbol{A}|\cdot|\boldsymbol{D}-\boldsymbol{CA}^{-1}\boldsymbol{B}| \\ &= |\boldsymbol{AD}-\boldsymbol{ACA}^{-1}\boldsymbol{B}| \\ &\xlongequal{\boldsymbol{AC}=\boldsymbol{CA}} |\boldsymbol{AD}-\boldsymbol{CAA}^{-1}\boldsymbol{B}| \\ &= |\boldsymbol{AD}-\boldsymbol{CB}| \end{aligned}$$

命题 2 $\boldsymbol{A}$，$\boldsymbol{B}$ 分别是 $n\times m$ 和 $m\times n$ 矩阵，证明

$$\begin{vmatrix} \boldsymbol{E}_m & \boldsymbol{B} \\ \boldsymbol{A} & \boldsymbol{E}_n \end{vmatrix} = |\boldsymbol{E}_n-\boldsymbol{AB}| = |\boldsymbol{E}_m-\boldsymbol{BA}|$$

证明：由于$\begin{bmatrix} \boldsymbol{E}_m & \boldsymbol{0} \\ -\boldsymbol{A} & \boldsymbol{E}_n \end{bmatrix}\begin{bmatrix} \boldsymbol{E}_m & \boldsymbol{B} \\ \boldsymbol{A} & \boldsymbol{E}_n \end{bmatrix}=\begin{bmatrix} \boldsymbol{E}_m & \boldsymbol{B} \\ \boldsymbol{0} & \boldsymbol{E}_n-\boldsymbol{AB} \end{bmatrix}$

所以

$$\begin{aligned} \begin{vmatrix} \boldsymbol{E}_m & \boldsymbol{B} \\ \boldsymbol{A} & \boldsymbol{E}_n \end{vmatrix} &= \begin{vmatrix} \boldsymbol{E}_m & \boldsymbol{0} \\ -\boldsymbol{A} & \boldsymbol{E}_n \end{vmatrix}\cdot\begin{vmatrix} \boldsymbol{E}_m & \boldsymbol{B} \\ \boldsymbol{A} & \boldsymbol{E}_n \end{vmatrix} = \begin{vmatrix} \boldsymbol{E}_m & \boldsymbol{B} \\ \boldsymbol{0} & \boldsymbol{E}_n-\boldsymbol{AB} \end{vmatrix} \\ &= |\boldsymbol{E}_m|\cdot|\boldsymbol{E}_n-\boldsymbol{AB}| \\ &= |\boldsymbol{E}_n-\boldsymbol{AB}| \end{aligned}$$

由又$\begin{bmatrix} \boldsymbol{E} & \boldsymbol{B} \\ \boldsymbol{A} & \boldsymbol{E}_n \end{bmatrix}\begin{bmatrix} \boldsymbol{E}_m & \boldsymbol{0} \\ -\boldsymbol{A} & \boldsymbol{E}_n \end{bmatrix}=\begin{bmatrix} \boldsymbol{E}_m-\boldsymbol{BA} & \boldsymbol{B} \\ \boldsymbol{0} & \boldsymbol{E}_n \end{bmatrix}$得

$$\begin{aligned} \begin{vmatrix} \boldsymbol{E}_m & \boldsymbol{B} \\ \boldsymbol{A} & \boldsymbol{E}_n \end{vmatrix} &= \begin{vmatrix} \boldsymbol{E}_m & \boldsymbol{B} \\ \boldsymbol{A} & \boldsymbol{E}_n \end{vmatrix}\cdot\begin{vmatrix} \boldsymbol{E}_m & \boldsymbol{0} \\ -\boldsymbol{A} & \boldsymbol{E}_n \end{vmatrix} = \begin{vmatrix} \boldsymbol{E}_m-\boldsymbol{BA} & \boldsymbol{B} \\ \boldsymbol{0} & \boldsymbol{E}_n \end{vmatrix} \\ &= |\boldsymbol{E}_m-\boldsymbol{BA}|\cdot|\boldsymbol{E}_n| \\ &= |\boldsymbol{E}_m-\boldsymbol{BA}| \end{aligned}$$

综上可得：$\begin{bmatrix} \boldsymbol{E}_m & \boldsymbol{B} \\ \boldsymbol{A} & \boldsymbol{E}_n \end{bmatrix}=|\boldsymbol{E}_n-\boldsymbol{AB}|=|\boldsymbol{E}_m-\boldsymbol{BA}|$.

(2) 矩阵的秩.

命题 3 (sylyester 公式). 设 $\boldsymbol{A}$、$\boldsymbol{B}$ 分别是 $m\times n$ 和 $n\times m$ 矩阵，则

$$R(\boldsymbol{A})+R(\boldsymbol{B})-n\leqslant R(\boldsymbol{AB})\leqslant\min\{R(\boldsymbol{A}),\ R(\boldsymbol{B})\}$$

证明：先证不等式的前半部分. 因为

$$\begin{bmatrix}\boldsymbol{E}_n & \boldsymbol{0}\\ -\boldsymbol{A} & \boldsymbol{E}_m\end{bmatrix}\begin{bmatrix}\boldsymbol{E}_n & \boldsymbol{B}\\ \boldsymbol{A} & \boldsymbol{0}\end{bmatrix}\begin{bmatrix}\boldsymbol{E}_n & -\boldsymbol{B}\\ \boldsymbol{0} & \boldsymbol{E}_m\end{bmatrix}=\begin{bmatrix}\boldsymbol{E}_n & \boldsymbol{0}\\ \boldsymbol{0} & -\boldsymbol{AB}\end{bmatrix}$$

故

$$R\begin{bmatrix}\boldsymbol{E}_n & \boldsymbol{B}\\ \boldsymbol{A} & \boldsymbol{0}\end{bmatrix}=R(\boldsymbol{E}_n)+R(-\boldsymbol{AB})=n+R(\boldsymbol{AB})$$

而

$$R\begin{bmatrix}\boldsymbol{E}_n & \boldsymbol{B}\\ \boldsymbol{A} & \boldsymbol{0}\end{bmatrix}=R\begin{bmatrix}\boldsymbol{B} & \boldsymbol{E}_n\\ \boldsymbol{0} & \boldsymbol{A}\end{bmatrix}\leqslant R(\boldsymbol{A})+R(\boldsymbol{B})$$

所以

$$R\begin{bmatrix}\boldsymbol{E}_n & \boldsymbol{B}\\ \boldsymbol{A} & \boldsymbol{0}\end{bmatrix}\geqslant R(\boldsymbol{A})+R(\boldsymbol{B})$$

即

$$R(\boldsymbol{A})+R(\boldsymbol{B})-n\leqslant R(\boldsymbol{AB})$$

再证不等式的后半部分，记 $\boldsymbol{C}=\begin{bmatrix}\boldsymbol{A} & \boldsymbol{AB}\\ \boldsymbol{0} & \boldsymbol{0}\end{bmatrix}$，　$\boldsymbol{D}=\begin{bmatrix}\boldsymbol{0} & \boldsymbol{B}\\ \boldsymbol{0} & \boldsymbol{AB}\end{bmatrix}$，由于

$$\begin{bmatrix}\boldsymbol{A} & \boldsymbol{AB}\\ \boldsymbol{0} & \boldsymbol{0}\end{bmatrix}\begin{bmatrix}\boldsymbol{E}_n & -\boldsymbol{AB}\\ \boldsymbol{0} & \boldsymbol{E}_m\end{bmatrix}=\begin{bmatrix}\boldsymbol{A} & \boldsymbol{0}\\ \boldsymbol{0} & \boldsymbol{0}\end{bmatrix}$$

故

$$R(\boldsymbol{AB})\leqslant R(\boldsymbol{C})=R(\boldsymbol{A})$$

又由于

$$\begin{bmatrix}\boldsymbol{E}_n & \boldsymbol{0}\\ -\boldsymbol{A} & \boldsymbol{E}_m\end{bmatrix}\begin{bmatrix}\boldsymbol{0} & \boldsymbol{B}\\ \boldsymbol{0} & \boldsymbol{AB}\end{bmatrix}=\begin{bmatrix}\boldsymbol{0} & \boldsymbol{B}\\ \boldsymbol{0} & \boldsymbol{0}\end{bmatrix}$$

故

$$R(\boldsymbol{AB})\leqslant R(\boldsymbol{D})=R(\boldsymbol{B})$$

综上，有

$$R(\boldsymbol{AB})\leqslant\min\{R(\boldsymbol{A}),\ R(\boldsymbol{B})\}$$

例 1　设 $m\times n$ 矩阵 $\boldsymbol{A}$ 与 $n\times s$ 矩阵 $\boldsymbol{B}$ 满足 $\boldsymbol{AB}=\boldsymbol{0}$，证明：

$$R(\boldsymbol{A})+R(\boldsymbol{B})\leqslant n$$

证明：将 $\boldsymbol{B}$ 按列分块 $\boldsymbol{B}=(\boldsymbol{B}_1,\ \boldsymbol{B}_2,\ \cdots,\ \boldsymbol{B}_s)$，由于 $\boldsymbol{AB}=\boldsymbol{0}$，得

$$\begin{aligned}\boldsymbol{AB}&=\boldsymbol{A}(\boldsymbol{B}_1,\ \boldsymbol{B}_2,\ \cdots,\ \boldsymbol{B}_s)\\&=(\boldsymbol{AB}_1,\ \boldsymbol{AB}_2,\ \cdots,\ \boldsymbol{AB}_s)\\&=(\boldsymbol{0},\ \boldsymbol{0},\ \cdots,\ \boldsymbol{0})\end{aligned}$$

据此，有 $\boldsymbol{AB}_i=\boldsymbol{0}(i=1,\ 2,\ \cdots,\ s)$，从而 $\boldsymbol{B}$ 的每一列 $\boldsymbol{B}_i$ 均是 n 元齐次线性方程组 $\boldsymbol{AX}=\boldsymbol{0}$ 的解.

若 $R(\boldsymbol{A})=n$，则 $\boldsymbol{AX}=\boldsymbol{0}$ 只有零解，即 $\boldsymbol{B}=\boldsymbol{0}$，故 $R(\boldsymbol{B})=0$. 于是，

$$R(\boldsymbol{A})+R(\boldsymbol{B})=n$$

若 $R(\boldsymbol{A})<n$，则 $\boldsymbol{AX}=\boldsymbol{0}$，有非零解，从而 $\boldsymbol{B}$ 的每一列 $\boldsymbol{B}_i$ 都可由 $\boldsymbol{AX}=\boldsymbol{0}$ 的基础解系线

性表示，则

$$R(\boldsymbol{B}) = R(\boldsymbol{B}_1, \boldsymbol{B}_2, \cdots, \boldsymbol{B}_s) \leqslant n - R(\boldsymbol{A})$$

综上，$R(\boldsymbol{A})+R(\boldsymbol{B})\leqslant n$.

(3) 矩阵求逆.

命题 4 设分块矩阵 $\boldsymbol{M}=\begin{bmatrix}\boldsymbol{0} & \boldsymbol{B}\\ \boldsymbol{C} & \boldsymbol{D}\end{bmatrix}$，其中，$\boldsymbol{B}$、$\boldsymbol{C}$ 都是 n 阶可逆矩阵，试求 $\boldsymbol{M}^{-1}$.

解 因为

$$\begin{bmatrix}\boldsymbol{E} & \boldsymbol{0}\\ -\boldsymbol{D}\boldsymbol{B}^{-1} & \boldsymbol{E}\end{bmatrix}\begin{bmatrix}\boldsymbol{0} & \boldsymbol{B}\\ \boldsymbol{C} & \boldsymbol{D}\end{bmatrix}=\begin{bmatrix}\boldsymbol{0} & \boldsymbol{B}\\ \boldsymbol{C} & \boldsymbol{0}\end{bmatrix}$$

两边求逆

$$\begin{bmatrix}\boldsymbol{0} & \boldsymbol{B}\\ \boldsymbol{C} & \boldsymbol{D}\end{bmatrix}^{-1}\begin{bmatrix}\boldsymbol{E} & \boldsymbol{0}\\ -\boldsymbol{D}\boldsymbol{B}^{-1} & \boldsymbol{E}\end{bmatrix}^{-1}=\begin{bmatrix}\boldsymbol{0} & \boldsymbol{C}^{-1}\\ \boldsymbol{B}^{-1} & \boldsymbol{0}\end{bmatrix}$$

故

$$\boldsymbol{M}^{-1}=\begin{bmatrix}\boldsymbol{0} & \boldsymbol{B}\\ \boldsymbol{C} & \boldsymbol{D}\end{bmatrix}^{-1}=\begin{bmatrix}\boldsymbol{0} & \boldsymbol{C}^{-1}\\ \boldsymbol{B}^{-1} & \boldsymbol{0}\end{bmatrix}\begin{bmatrix}\boldsymbol{E} & \boldsymbol{0}\\ -\boldsymbol{D}\boldsymbol{B}^{-1} & \boldsymbol{E}\end{bmatrix}$$

$$=\begin{bmatrix}-\boldsymbol{C}^{-1}\boldsymbol{D}\boldsymbol{B}^{-1} & \boldsymbol{C}^{-1}\\ \boldsymbol{B}^{-1} & \boldsymbol{0}\end{bmatrix}$$

例 2 求 $\boldsymbol{A}$ 的逆矩阵.

$$\boldsymbol{A}=\begin{bmatrix}1 & 1 & 1 & 1\\ 1 & -1 & 1 & -1\\ 1 & 1 & -1 & -1\\ 1 & -1 & -1 & 1\end{bmatrix}$$

解 记 $\boldsymbol{B}=\begin{bmatrix}1 & 1\\ 1 & -1\end{bmatrix}$，则 $\boldsymbol{A}=\begin{bmatrix}\boldsymbol{B} & \boldsymbol{B}\\ \boldsymbol{B} & -\boldsymbol{B}\end{bmatrix}$，易求 $\boldsymbol{B}^{-1}=\frac{1}{2}\boldsymbol{B}$.

故

$$\left[\begin{array}{cc:cc}\boldsymbol{B} & \boldsymbol{B} & \boldsymbol{E} & \boldsymbol{0}\\ \boldsymbol{B} & -\boldsymbol{B} & \boldsymbol{0} & \boldsymbol{E}\end{array}\right]\rightarrow\begin{bmatrix}\boldsymbol{B} & \boldsymbol{B} & \boldsymbol{E} & \boldsymbol{0}\\ \boldsymbol{0} & -2\boldsymbol{B} & -\boldsymbol{E} & \boldsymbol{E}\end{bmatrix}$$

$$\rightarrow\begin{bmatrix}\boldsymbol{B} & \boldsymbol{0} & \frac{1}{2}\boldsymbol{E} & \frac{1}{2}\boldsymbol{E}\\ \boldsymbol{0} & -2\boldsymbol{B} & -\boldsymbol{E} & \boldsymbol{E}\end{bmatrix}\rightarrow\begin{bmatrix}\boldsymbol{E} & \boldsymbol{0} & \frac{1}{2}\boldsymbol{B}^{-1} & \frac{1}{2}\boldsymbol{B}^{-1}\\ \boldsymbol{0} & \boldsymbol{E} & \frac{1}{2}\boldsymbol{B}^{-1} & -\frac{1}{2}\boldsymbol{B}^{-1}\end{bmatrix}$$

即

$$\boldsymbol{A}^{-1}=\frac{1}{2}\begin{bmatrix}\boldsymbol{B}^{-1} & \boldsymbol{B}^{-1}\\ \boldsymbol{B}^{-1} & \boldsymbol{B}^{-1}\end{bmatrix}=\frac{1}{4}\begin{bmatrix}\boldsymbol{B} & \boldsymbol{B}\\ \boldsymbol{B} & -\boldsymbol{B}\end{bmatrix}$$

$$=\frac{1}{4}\begin{bmatrix}1 & 1 & 1 & 1\\ 1 & -1 & 1 & -1\\ 1 & 1 & -1 & -1\\ 1 & -1 & -1 & 1\end{bmatrix}$$

以上只讨论了 2×2 阶分块矩阵的初等变换，进而可以将分块初等变换进行延拓，推广到更高阶的分块矩阵上，下面举例说明之.

命题 5 设 $\boldsymbol{A}$ 是 n 阶方阵，$\boldsymbol{A}^2=\boldsymbol{0}$，$\boldsymbol{E}$ 是 n 阶单位矩阵，数 l_1，l_2，l_3 满足 $l_1\neq l_2$，$l_1l_2\neq l_1l_3+l_2l_3$，则

$$\sum_{i=1}^{3}R(\boldsymbol{A}+l_i\boldsymbol{E})=2n+R[(l_1l_2+l_2l_3+l_1l_3)\boldsymbol{A}+l_1l_2l_3\boldsymbol{E}]$$

证明：由命题条件及分块矩阵的初等变换可得：

$$\begin{bmatrix}\boldsymbol{A}+l_1\boldsymbol{E} & \boldsymbol{0} & \boldsymbol{0}\\ \boldsymbol{0} & \boldsymbol{A}+l_2\boldsymbol{E} & \boldsymbol{0}\\ \boldsymbol{0} & \boldsymbol{0} & \boldsymbol{A}+L_3\boldsymbol{E}\end{bmatrix}\rightarrow\begin{bmatrix}\boldsymbol{A}+l_1\boldsymbol{E} & (l_1-l_2)\boldsymbol{E} & \boldsymbol{0}\\ \boldsymbol{0} & \boldsymbol{A}+L_2\boldsymbol{E} & \boldsymbol{0}\\ \boldsymbol{0} & \boldsymbol{0} & \boldsymbol{A}+l_3\boldsymbol{E}\end{bmatrix}$$

$$\rightarrow\begin{bmatrix}\boldsymbol{0} & (l_1-l_2)\boldsymbol{E} & \boldsymbol{0}\\ \dfrac{(\boldsymbol{A}+l_1\boldsymbol{E})(\boldsymbol{A}+l_2\boldsymbol{E})}{l_2-l_1} & \boldsymbol{A}+l_2\boldsymbol{E} & \boldsymbol{0}\\ \boldsymbol{0} & \boldsymbol{0} & \boldsymbol{A}+l_3\boldsymbol{E}\end{bmatrix}$$

$$\rightarrow\begin{bmatrix}\boldsymbol{0} & \boldsymbol{E} & \boldsymbol{0}\\ (\boldsymbol{A}+l_1\boldsymbol{E})(\boldsymbol{A}+l_2\boldsymbol{E}) & \boldsymbol{A}+l_2\boldsymbol{E} & \boldsymbol{0}\\ \boldsymbol{0} & \boldsymbol{0} & \boldsymbol{A}+l_3\boldsymbol{E}\end{bmatrix}$$

$$\rightarrow\begin{bmatrix}\boldsymbol{0} & \boldsymbol{E} & \boldsymbol{0}\\ (\boldsymbol{A}+l_1\boldsymbol{E})(\boldsymbol{A}+l_2\boldsymbol{E}) & \boldsymbol{0} & \boldsymbol{0}\\ \boldsymbol{0} & \boldsymbol{0} & \boldsymbol{A}+l_3\boldsymbol{E}\end{bmatrix}\rightarrow\begin{bmatrix}\boldsymbol{0} & \boldsymbol{E} & \boldsymbol{0}\\ (l_1+l_2)\boldsymbol{A}+l_1l_2\boldsymbol{E} & \boldsymbol{0} & \boldsymbol{0}\\ \boldsymbol{0} & \boldsymbol{0} & \boldsymbol{A}+l_3\boldsymbol{E}\end{bmatrix}$$

$$\rightarrow\begin{bmatrix}\boldsymbol{0} & \boldsymbol{E} & \boldsymbol{0}\\ (l_1+l_2)\boldsymbol{A}+l_1l_2\boldsymbol{E} & \boldsymbol{0} & (l_1l_2-l_1l_3-l_2l_3)\boldsymbol{E}\\ \boldsymbol{0} & \boldsymbol{0} & \boldsymbol{A}+L_3\boldsymbol{E}\end{bmatrix}$$

$$\rightarrow\begin{bmatrix}\boldsymbol{0} & \boldsymbol{E} & \boldsymbol{0}\\ (l_1+L_2)\boldsymbol{A}+l_1l_2\boldsymbol{E} & \boldsymbol{0} & \boldsymbol{E}\\ \boldsymbol{0} & \boldsymbol{0} & \dfrac{\boldsymbol{A}+l_3\boldsymbol{E}}{l_1l_2-l_1l_3-l_2l_3}\end{bmatrix}$$

$$\rightarrow\begin{bmatrix}\boldsymbol{0} & \boldsymbol{0} & \boldsymbol{E}\\ \boldsymbol{0} & \boldsymbol{E} & \boldsymbol{0}\\ (l_1l_2+l_1l_3+l_2l_2)\boldsymbol{A}+l_1l_2l_3\boldsymbol{E} & \boldsymbol{0} & \boldsymbol{0}\end{bmatrix}$$

从而有

$$\sum_{i=1}^{3}R(\boldsymbol{A}+l_i\boldsymbol{E})=2n+R[(l_1l_2+l_1l_3+l_2l_3)\boldsymbol{A}+l_1l_2l_3\boldsymbol{E}]$$

上面我们虽然仅讨论了广义初等矩阵及相应的分块矩阵初等变换的几种常见应用，就足以看出分块矩阵的初等变换在矩阵运算中的重要性，况且分块矩阵的初等变换也是值得深入研究的.

例 3 $\boldsymbol{P}-\boldsymbol{Q}$ 算法理论.

对于任意一个秩为 r 的 $m\times n$ 矩阵 $\boldsymbol{A}$，总存在可逆的 m 阶方阵 $\boldsymbol{P}$ 和 n 阶方阵 $\boldsymbol{Q}$，使得

$$\boldsymbol{PAQ}=\begin{bmatrix}\boldsymbol{E}_r & \boldsymbol{0}_{r\times(n-r)}\\ \boldsymbol{0}_{(m-r)\times r} & \boldsymbol{0}_{(m-r)\times(n-r)}\end{bmatrix}$$

其中变换阵 $\boldsymbol{P}$、$\boldsymbol{Q}$ 可以通过对如下分块矩阵施行的初等变换而得

$$\begin{bmatrix} \boldsymbol{A} & \boldsymbol{E}_m \\ \boldsymbol{E}_n & \boldsymbol{0} \end{bmatrix} \rightarrow \begin{bmatrix} \boldsymbol{D} & \boldsymbol{P} \\ \boldsymbol{Q} & \boldsymbol{0} \end{bmatrix}$$

这种算法称为 $\boldsymbol{P}-\boldsymbol{Q}$ 算法，如下用分块乘法解释这种算法的理论依据.

$$\begin{bmatrix} \boldsymbol{P} & \boldsymbol{0} \\ \boldsymbol{0} & \boldsymbol{E}_m \end{bmatrix}\begin{bmatrix} \boldsymbol{A} & \boldsymbol{E}_m \\ \boldsymbol{E}_n & \boldsymbol{0} \end{bmatrix}\begin{bmatrix} \boldsymbol{Q} & \boldsymbol{0} \\ \boldsymbol{0} & \boldsymbol{E}_m \end{bmatrix} = \begin{bmatrix} \boldsymbol{PAQ} & \boldsymbol{P} \\ \boldsymbol{Q} & \boldsymbol{0} \end{bmatrix}$$

上式左端的第一个矩阵左乘$\begin{bmatrix} \boldsymbol{A} & \boldsymbol{E}_n \\ \boldsymbol{E}_n & \boldsymbol{0} \end{bmatrix}$，相当于只进行初等行变换；第三个矩阵右乘$\begin{bmatrix} \boldsymbol{A} & \boldsymbol{E}_n \\ \boldsymbol{E}_n & \boldsymbol{0} \end{bmatrix}$，相当于只进行初等列变换.

初等变换法求方阵的逆即是上述 $\boldsymbol{P}-\boldsymbol{Q}$ 算法的特例. 若 $\boldsymbol{A}$ 可逆，则有

$$[\boldsymbol{A} \quad \boldsymbol{E}_n] \xrightarrow{\text{初等行变换}} [\boldsymbol{E}_n \quad \boldsymbol{A}^{-1}]$$

即为

$$\boldsymbol{P}_1\boldsymbol{P}_2\cdots\boldsymbol{P}_s[\boldsymbol{A} \quad \boldsymbol{E}_n] = [\boldsymbol{E}_n \quad \boldsymbol{A}^{-1}]$$

其中 $\boldsymbol{A}$ 的逆矩阵 $\boldsymbol{A}^{-1}$ 可以表示成有限个初等矩阵的乘积，即

$$\boldsymbol{A}^{-1} = \boldsymbol{P}_1\boldsymbol{P}_2\cdots\boldsymbol{P}_s$$

此过程可看作是分块矩阵$[\boldsymbol{A} \quad \boldsymbol{E}_n]$经过有限次初等行变换化为$[\boldsymbol{E}_n \quad \boldsymbol{A}^{-1}]$.

上述初等变换法求逆矩阵实质上是 $\boldsymbol{P}-\boldsymbol{Q}$ 算法的特例，因为只需在 $\boldsymbol{P}-\boldsymbol{Q}$ 算法中固定 $\boldsymbol{Q}$ 为 $\boldsymbol{E}_n$，$\boldsymbol{P}$ 为 $\boldsymbol{A}^{-1}$ 即可. 而当 $\boldsymbol{A}$ 不可逆时，$\boldsymbol{D}=\boldsymbol{E}_r(r<n)$，$\boldsymbol{P}$ 不为 $\boldsymbol{A}^{-1}$.

3.3 高阶线性方程组的求解

若 $\boldsymbol{A}$ 是一个 n 阶非奇异矩阵 $\boldsymbol{A}=(a_{ij})_{n\times n}$，将 $\boldsymbol{A}$ 进行分块 $\boldsymbol{A}=\begin{bmatrix} \boldsymbol{A}_{11} & \boldsymbol{A}_{12} \\ \boldsymbol{A}_{21} & \boldsymbol{A}_{22} \end{bmatrix}$，其中 $\boldsymbol{A}_{11}$，$\boldsymbol{A}_{12}$，$\boldsymbol{A}_{21}$，$\boldsymbol{A}_{22}$ 分别是 $k\times k$，$k\times m$，$m\times k$，$m\times m$ 矩阵. 若 $\boldsymbol{A}_{22}$ 是非奇异方阵，则一定可以找到一个上三角形分块阵 $\boldsymbol{M}=\begin{bmatrix} \boldsymbol{E}_k & -\boldsymbol{A}_{12}\boldsymbol{A}_{22}^{-1} \\ \boldsymbol{0} & \boldsymbol{E}_m \end{bmatrix}$，使得 $\boldsymbol{MA}=\begin{bmatrix} \boldsymbol{G} & \boldsymbol{0} \\ \boldsymbol{A}_{21} & \boldsymbol{A}_{22} \end{bmatrix}$，其中 $\boldsymbol{G}=\boldsymbol{A}_{11}-\boldsymbol{A}_{12}\boldsymbol{A}_{22}^{-1}A_{21}$，且 $\boldsymbol{G}$ 是非奇异阵.

对于该结论，如果用来求解 n 个方程的非齐次线性方程组是比较方便的，其过程如下.

设非齐次线性方程组

$$\begin{cases} a_{11}x_1 + a_{12}x_2 + \cdots + a_{1n}x_n = b_1 \\ a_{21}x_1 + a_{22}x_2 + \cdots + a_{2n}x_n = b_2 \\ \quad\vdots \qquad\qquad\qquad \vdots \\ a_{n1}x_1 + a_{n2}x_2 + \cdots + a_{nn}x_n = b_n \end{cases} \tag{3-4}$$

(3-4)的矩阵形式为

$$\boldsymbol{AX} = \boldsymbol{B} \tag{3-5}$$

其中 $\boldsymbol{A}$ 为系数矩阵，$\boldsymbol{X}$ 为未知量，$\boldsymbol{B}$ 为常数项.

易知，若 $\boldsymbol{A}$ 为非奇异矩阵，即$|\boldsymbol{A}|\neq 0$，则方程组(3-4)有唯一解.

现将 $\boldsymbol{A}$ 降阶分块为$\boldsymbol{A}=\begin{bmatrix}\boldsymbol{A}_{11} & \boldsymbol{A}_{12}\\ \boldsymbol{A}_{21} & \boldsymbol{A}_{22}\end{bmatrix}$，并注意使 $\boldsymbol{A}_{22}$ 为非奇异方阵，同时将 $\boldsymbol{X}$ 和 $\boldsymbol{B}$ 进行相应地分块，可令 $\boldsymbol{X}=\begin{bmatrix}\boldsymbol{X}_1\\ \boldsymbol{X}_2\end{bmatrix}$，$\boldsymbol{B}=\begin{bmatrix}\boldsymbol{B}_1\\ \boldsymbol{B}_2\end{bmatrix}$，$\boldsymbol{B}_1$ 的行数等于 $\boldsymbol{A}_{11}$、$\boldsymbol{A}_{12}$的行数，$\boldsymbol{B}_2$ 的行数等于 $\boldsymbol{A}_{21}$、$\boldsymbol{A}_{22}$的行数，则矩阵方程(3-5)可写成

$$\begin{bmatrix}\boldsymbol{A}_{11} & \boldsymbol{A}_{12}\\ \boldsymbol{A}_{21} & \boldsymbol{A}_{22}\end{bmatrix}\begin{bmatrix}\boldsymbol{X}_1\\ \boldsymbol{X}_2\end{bmatrix}=\begin{bmatrix}\boldsymbol{B}_1\\ \boldsymbol{B}_2\end{bmatrix} \tag{3-6}$$

将(3-6)式两端分别左乘上三角分块阵$\boldsymbol{M}=\begin{bmatrix}\boldsymbol{E}_k & -\boldsymbol{A}_{12}\boldsymbol{A}_{22}^{-1}\\ \boldsymbol{0} & \boldsymbol{E}_m\end{bmatrix}$，有

$$\begin{bmatrix}\boldsymbol{G} & \boldsymbol{0}\\ \boldsymbol{A}_{21} & \boldsymbol{A}_{22}\end{bmatrix}\begin{bmatrix}\boldsymbol{X}_1\\ \boldsymbol{X}_2\end{bmatrix}=\begin{bmatrix}\boldsymbol{B}_1-\boldsymbol{A}_{21}\boldsymbol{A}_{22}^{-1}\\ \boldsymbol{B}_2\end{bmatrix} \tag{3-7}$$

其中 $\boldsymbol{G}=\boldsymbol{A}_{11}-\boldsymbol{A}_{12}\boldsymbol{A}_{22}^{-1}\boldsymbol{A}_{21}$ ($|\boldsymbol{G}|\neq 0$)

方程(3-7)等价于下面矩阵方程组

$$\begin{cases}\boldsymbol{G}\boldsymbol{X}_1=\boldsymbol{B}_1-\boldsymbol{A}_{12}\boldsymbol{A}_{22}^{-1}\\ \boldsymbol{A}_{21}\boldsymbol{X}_1+\boldsymbol{A}_{22}\boldsymbol{X}_2=\boldsymbol{B}_2\end{cases} \tag{3-8}$$

由初等变换的性质知(3-7)、(3-8)是同解方程组.

因$|\boldsymbol{G}|\neq 0$，故存在 $\boldsymbol{G}^{-1}$，且 $\boldsymbol{X}_1=\boldsymbol{G}^{-1}(\boldsymbol{B}_1-\boldsymbol{A}_{12}\boldsymbol{A}_{22}^{-1})$.

再将 $\boldsymbol{X}_1$ 代入 $\boldsymbol{A}_{21}\boldsymbol{X}_1+\boldsymbol{A}_{22}\boldsymbol{X}_2=\boldsymbol{B}_2$ 中，得

$$\boldsymbol{A}_{22}\boldsymbol{X}_2=\boldsymbol{B}_2-\boldsymbol{A}_{21}\boldsymbol{X}_1$$

即

$$\boldsymbol{X}_2=\boldsymbol{A}_{22}^{-1}(\boldsymbol{B}_2-\boldsymbol{A}_{21}\boldsymbol{X}_1)$$

由此，得

$$\boldsymbol{X}=\begin{bmatrix}\boldsymbol{X}_1\\ \boldsymbol{X}_2\end{bmatrix}$$

例 4　求解方程组

$$\begin{cases}x_1+2x_2-2x_3+4x_4-x_5=-1\\ 2x_1-x_2+3x_3-4x_4+2x_5=8\\ 3x_1+x_2-x_3+2x_4-x_5=3\\ 4x_1+3x_2+4x_3+2x_4+2x_5=-2\\ x_1-x_2-x_3+2x_4-3x_5=-3\end{cases} \tag{3-9}$$

解　将方程写成矩阵方程，并进行分块，有

$$\begin{bmatrix}\boldsymbol{A}_{11} & \boldsymbol{A}_{12}\\ \boldsymbol{A}_{21} & \boldsymbol{A}_{22}\end{bmatrix}\begin{bmatrix}\boldsymbol{X}_1\\ \boldsymbol{X}_2\end{bmatrix}=\begin{bmatrix}\boldsymbol{B}_1\\ \boldsymbol{B}_2\end{bmatrix} \tag{3-10}$$

这里

$$\boldsymbol{A}_{11}=\begin{bmatrix}1 & 2\\ 2 & -1\end{bmatrix},\quad \boldsymbol{A}_{12}=\begin{bmatrix}-2 & 4 & -1\\ 3 & -4 & 2\end{bmatrix},$$

$$A_{21}=\begin{bmatrix}3 & 1\\4 & 3\\1 & -1\end{bmatrix},\quad A_{22}=\begin{bmatrix}-1 & 2 & -1\\4 & 2 & 2\\-1 & 2 & -3\end{bmatrix}.$$

先求出 $\boldsymbol{A}_{22}$ 的逆阵

$$\boldsymbol{A}_{22}^{-1}=\begin{bmatrix}-\frac{1}{2} & \frac{1}{5} & \frac{3}{10}\\ \frac{1}{2} & \frac{1}{10} & -\frac{1}{10}\\ \frac{1}{2} & 0 & -\frac{1}{2}\end{bmatrix}$$

计算

$$-\boldsymbol{A}_{12}\boldsymbol{A}_{22}^{-1}=\begin{bmatrix}\frac{5}{2} & 0 & -\frac{1}{2}\\ -\frac{5}{2} & \frac{1}{5} & \frac{3}{10}\end{bmatrix}$$

将方程(3－10)两端左乘 $\boldsymbol{M}=\begin{bmatrix}\boldsymbol{E}_2 & -\boldsymbol{A}_{12}\boldsymbol{A}_{22}^{-1}\\ \boldsymbol{0} & \boldsymbol{E}_3\end{bmatrix}$ 矩阵，得到

$$\begin{bmatrix}-6 & -1 & 0 & 0 & 0\\ \frac{42}{5} & \frac{6}{5} & 0 & 0 & 0\\ 3 & 1 & -1 & 2 & -1\\ 4 & 3 & 4 & 2 & 2\\ 1 & -1 & -1 & 2 & -3\end{bmatrix}\begin{bmatrix}x_1\\x_2\\x_3\\x_4\\x_5\end{bmatrix}=\begin{bmatrix}-10\\ \frac{84}{5}\\ 3\\ -2\\ -3\end{bmatrix}$$

解矩阵方程

$$\begin{bmatrix}-6 & -1\\ \frac{42}{5} & \frac{6}{5}\end{bmatrix}\begin{bmatrix}x_1\\x_2\end{bmatrix}=\begin{bmatrix}-10\\ \frac{85}{5}\end{bmatrix}$$

$$\begin{bmatrix}x_1\\x_2\end{bmatrix}=\begin{bmatrix}-6 & -1\\ \frac{42}{5} & \frac{6}{5}\end{bmatrix}^{-1}\begin{bmatrix}-10\\ \frac{85}{5}\end{bmatrix}=\begin{bmatrix}4\\-10\end{bmatrix}$$

$$\boldsymbol{B}_2-\boldsymbol{A}_{21}\boldsymbol{X}_1=\begin{bmatrix}3\\-2\\-3\end{bmatrix}-\begin{bmatrix}3 & 1\\4 & 3\\1 & -1\end{bmatrix}\begin{bmatrix}4\\-14\end{bmatrix}=\begin{bmatrix}5\\24\\-21\end{bmatrix}$$

所以

$$\begin{bmatrix}x_3\\x_4\\x_5\end{bmatrix}=\boldsymbol{A}_{22}^{-1}(\boldsymbol{B}_2-\boldsymbol{A}_{21}\boldsymbol{X}_1)=\begin{bmatrix}-\frac{1}{2} & \frac{1}{5} & \frac{3}{10}\\ \frac{1}{2} & \frac{1}{2} & -\frac{1}{10}\\ \frac{1}{2} & 0 & -\frac{1}{2}\end{bmatrix}\begin{bmatrix}5\\24\\-21\end{bmatrix}=\begin{bmatrix}-4\\7\\13\end{bmatrix}$$

所求方程组的解为

$$x_1=4,\quad x_2=-14,\quad x_3=-4,\quad x_4=7,\quad x_5=13$$

3.4 矩阵的特征值与特征多项式

利用分块矩阵可以求解矩阵的特征值与特征多项式.

例 5 设 $\boldsymbol{A}$ 是 $m\times n$ 矩阵，$\boldsymbol{B}$ 是 $n\times m$ 矩阵，证明：$\boldsymbol{AB}$ 的特征多项式 $f_{\boldsymbol{AB}}(\lambda)$ 与 $\boldsymbol{BA}$ 的特征多项式 $f_{\boldsymbol{BA}}(\lambda)$ 有如下关系：

$$\lambda^n f_{\boldsymbol{AB}}(\lambda)=\lambda^m f_{\boldsymbol{BA}}(\lambda)\quad(\lambda\neq 0)$$

证明：上式等价于

$$\lambda^n\,|\lambda\boldsymbol{E}_m-\boldsymbol{AB}|=\lambda^m\,|\lambda\boldsymbol{E}_n-\boldsymbol{BA}|$$

为此可以构造两个矩阵，使其行列式分别为 $|\lambda\boldsymbol{E}_m-\boldsymbol{AB}|$ 和 $|\lambda\boldsymbol{E}_n-\boldsymbol{BA}|$.

首先构造分块矩阵 $\boldsymbol{H}=\begin{bmatrix}\boldsymbol{E}_n & \frac{1}{\lambda}\boldsymbol{B}\\ \boldsymbol{A} & \boldsymbol{E}_m\end{bmatrix}$，为出现行列式 $|\lambda\boldsymbol{E}_m-\boldsymbol{AB}|$，则需对 $\boldsymbol{H}$ 作初等变换，即左乘一个广义初等分块矩阵，即

$$\begin{bmatrix}\boldsymbol{E}_n & \boldsymbol{0}\\ -\boldsymbol{A} & \boldsymbol{E}_m\end{bmatrix}\begin{bmatrix}\boldsymbol{E}_n & \frac{1}{\lambda}\boldsymbol{B}\\ \boldsymbol{A} & \boldsymbol{E}_m\end{bmatrix}=\begin{bmatrix}\boldsymbol{E}_n & \frac{1}{\lambda}\boldsymbol{B}\\ \boldsymbol{0} & \boldsymbol{E}_m-\frac{1}{\lambda}\boldsymbol{AB}\end{bmatrix}$$

上式两边取行列式，得

$$|\boldsymbol{H}|=\left|\boldsymbol{E}_m-\frac{1}{\lambda}\boldsymbol{AB}\right|=\left(\frac{1}{\lambda}\right)^m|\lambda\boldsymbol{E}_m-\boldsymbol{AB}|\qquad(3-11)$$

同理，$\boldsymbol{H}$ 右乘一个矩阵

$$\begin{bmatrix}\boldsymbol{E}_n & \frac{1}{\lambda}\boldsymbol{B}\\ \boldsymbol{A} & \boldsymbol{E}_m\end{bmatrix}\begin{bmatrix}\boldsymbol{E}_n & \boldsymbol{0}\\ -\boldsymbol{A} & \boldsymbol{E}_m\end{bmatrix}=\begin{bmatrix}\boldsymbol{E}_n-\frac{1}{\lambda}\boldsymbol{BA} & \frac{1}{\lambda}\boldsymbol{B}\\ \boldsymbol{0} & \boldsymbol{E}_m\end{bmatrix}$$

两边取行列式，得

$$|\boldsymbol{H}|=\left(\frac{1}{\lambda}\right)^n|\lambda\boldsymbol{E}_n-\boldsymbol{BA}|\qquad(3-12)$$

从而，由(3－11)、(3－12)可得

$$\lambda^m\,|\lambda\boldsymbol{E}_n-\boldsymbol{BA}|=\lambda^n\,|\lambda\boldsymbol{E}_m-\boldsymbol{AB}|$$

例 6 设 $\boldsymbol{A}$、$\boldsymbol{B}$ 分别是 $n\times m$ 和 $m\times n$ 矩阵，证明：

$$|\lambda\boldsymbol{E}_n-\boldsymbol{AB}|=\lambda^{n-m}\,|\lambda\boldsymbol{E}_m-\boldsymbol{BA}|\quad(\lambda\neq 0)$$

证明：由

$$\begin{bmatrix}\boldsymbol{E}_m & \boldsymbol{0}\\ -\boldsymbol{A} & \boldsymbol{E}_m\end{bmatrix}\begin{bmatrix}\lambda\boldsymbol{E}_m & \boldsymbol{B}\\ \boldsymbol{A} & \lambda\boldsymbol{E}_n\end{bmatrix}=\begin{bmatrix}\lambda\boldsymbol{E}_m & \boldsymbol{B}\\ \boldsymbol{0} & \lambda\boldsymbol{E}_n-\boldsymbol{AB}\end{bmatrix}$$

两边取行列式，得

$$\begin{vmatrix}\lambda\boldsymbol{E}_m & \boldsymbol{B}\\ \boldsymbol{A} & \lambda\boldsymbol{E}_m\end{vmatrix}=\begin{vmatrix}\lambda\boldsymbol{E}_m & \boldsymbol{B}\\ \boldsymbol{0} & \lambda\boldsymbol{E}_n-\boldsymbol{AB}\end{vmatrix}=\lambda^m\,|\lambda\boldsymbol{E}_n-\boldsymbol{AB}|\qquad(3-13)$$

又由

$$\begin{bmatrix}\lambda\boldsymbol{E}_m & \boldsymbol{B}\\ \boldsymbol{A} & \lambda\boldsymbol{E}_m\end{bmatrix}\begin{bmatrix}\boldsymbol{E}_m & \boldsymbol{0}\\ -\boldsymbol{A} & \boldsymbol{E}_n\end{bmatrix}=\begin{bmatrix}\lambda\boldsymbol{E}_m-\boldsymbol{BA} & \boldsymbol{B}\\ \boldsymbol{0} & \lambda\boldsymbol{E}_n\end{bmatrix}$$

两边取行列式得

$$\begin{vmatrix} \lambda \boldsymbol{E}_m & \boldsymbol{B} \\ \boldsymbol{A} & \lambda \boldsymbol{E}_m \end{vmatrix} = \begin{vmatrix} \lambda \boldsymbol{E}_m - \boldsymbol{BA} & \boldsymbol{B} \\ \boldsymbol{0} & \lambda \boldsymbol{E}_n \end{vmatrix} = \lambda^n \mid \lambda \boldsymbol{E}_m - \boldsymbol{BA} \mid \tag{3-14}$$

由(3－13)、(3－14)可知

$$\mid \lambda \boldsymbol{E}_n - \boldsymbol{AB} \mid = \lambda^{n-m} \mid \lambda \boldsymbol{E}_m - \boldsymbol{BA} \mid .$$

第 4 章　线性方程组

线性代数的研究对象是解线性方程组. 本章利用矩阵、向量组以及向量空间与线性方程组之间的关系对线性代数中部分抽象概念作深入讨论，如极大线性无关组、基、基础解系等. 并对线性方程组解的结构作了进一步解释，以便读者掌握.

4.1　线性方程组与矩阵的关系

求解线性方程组是代数学中的一个基本问题，寻找简单有效的方法就显得尤为重要. 线性代数的重点就是讨论线性方程组解的结构，而矩阵的产生正是源于线性方程组的求解，这说明，矩阵与线性方程组的求解有着密切的关系.

已知 m 个方程、n 个未知量的线性方程组如下：

$$\begin{cases} a_{11}x_1 + a_{12}x_2 + \cdots + a_{1n}x_n = b_1 \\ a_{21}x_1 + a_{22}x_2 + \cdots + a_{2n}x_n = b_2 \\ \cdots \\ a_{m1}x_1 + a_{m2}x_2 + \cdots + a_{mn}x_n = b_m \end{cases} \tag{4-1}$$

其系数矩阵记为 $\boldsymbol{A}$，未知量为 $\boldsymbol{X}$，常数项为 $\boldsymbol{B}$，即

$$\boldsymbol{A} = \begin{bmatrix} a_{11} & a_{12} & \cdots & a_{1n} \\ a_{21} & a_{22} & \cdots & a_{2n} \\ \vdots & \vdots & & \vdots \\ a_{m1} & a_{m2} & \cdots & a_{mn} \end{bmatrix}, \quad \boldsymbol{X} = \begin{bmatrix} x_1 \\ x_2 \\ \vdots \\ x_n \end{bmatrix}, \quad \boldsymbol{B} = \begin{bmatrix} b_1 \\ b_2 \\ \vdots \\ b_m \end{bmatrix}$$

(1) 行列式与线性方程组.

上述方程组中，当 $m=n$ 时，$\boldsymbol{A}$ 为方阵.

回顾形如 $ax^2+bx+c=0$ 的方程，当 $b^2-4ac\geqslant 0$ 时，该方程的两个实根分别为 $x_{1,2}=\dfrac{-b\pm\sqrt{b^2-4ac}}{2a}$，即解的表达式与方程的系数有直接关系，也即方程的解可用方程系数的表达式来描述，受此启发，线性方程组的解也应该可以用方程组系数的表达式来描述，因此，克莱姆(Cramer)法则便产生了.

对于非齐次线性方程组：

$$\begin{cases} a_{11}x_1 + a_{12}x_2 + \cdots + a_{1n}x_n = b_1 \\ a_{21}x_1 + a_{22}x_2 + \cdots + a_{2n}x_n = b_2 \\ \vdots \qquad\qquad \vdots \qquad\qquad \vdots \\ a_{n1}x_1 + a_{n2}x_2 + \cdots + a_{nn}x_n = b_n \end{cases} \tag{4-2}$$

当系数矩阵的行列式 $D=|\boldsymbol{A}|\neq 0$ 时，方程组有唯一解，且解为

$$x_1 = \frac{D_1}{D},\ x_2 = \frac{D_2}{D},\ \cdots,\ x_n = \frac{D_n}{D} \tag{4-3}$$

其中 D_i 是矩阵 $\boldsymbol{A}$ 中第 i 列用常数项 b_1，b_2，…，b_n 替换后所成矩阵的行列式($i=1$，2，…，n)，即

$$D_i = \begin{vmatrix} a_{11} & \cdots & a_{1,i-1} & b_1 & a_{1,i+1} & \cdots & a_{1n} \\ a_{21} & \cdots & a_{2,i-1} & b_2 & a_{2,i+1} & \cdots & a_{2n} \\ \vdots & & \vdots & \vdots & \vdots & & \vdots \\ a_{n1} & \cdots & a_{n,i-1} & b_n & a_{n,i+1} & \cdots & a_{nn} \end{vmatrix},\quad i = 1,\ 2,\ \cdots,\ n$$

上述结论包含了三个要素：① 方程组有解(前提是$|\boldsymbol{A}|\neq 0$)(存在性)；② 解唯一(唯一性)；③ 解可由式(4-3)给出(具体解)．虽然结论出来了，也验证了线性方程组的解可以用方程组系数的表达式来描述，但还是太复杂，原来行列式的计算就比较繁琐，更何况要计算 $n+1$ 个行列式的值，有没有更简洁一些的方法呢？线性方程组的求解还需深入研究．

由于行列式的局限性，因此将重心转向系数矩阵．

(2) 矩阵乘积与线性方程组．

关于方程 $ax=b(a\neq 0)$的解，很容易看出来解的形式，那么线性方程组(4-1)能否转化为上面的简单形式呢？

利用矩阵乘积的性质，方程组(4-1)可以表示成类似于上面的简单形式：

$$\boldsymbol{AX} = \boldsymbol{B} \tag{4-4}$$

也称其为矩阵方程．

容易看出，如果 $\boldsymbol{AX}=\boldsymbol{B}$ 中的 $\boldsymbol{X}$ 能解出来，则方程组(4-1)的解就得到了，这显然不像求解一个个行列式那样繁琐，第 2 章第 3 节已讨论．

(3) 逆矩阵与线性方程组．

矩阵方程 $\boldsymbol{AX}=\boldsymbol{B}$ 在形式上与最简单的代数方程 $ax=b$ 非常类似，分析代数方程 $ax=b$ 的求解过程，对求解矩阵方程会有启发．

当 $a\neq 0$ 时，存在着 a 的倒数 $a^{-1}=\frac{1}{a}$(a^{-1}也可以叫做 a 的逆元素)，以 a^{-1}乘以方程 $ax=b$ 的两端，由于 $aa^{-1}=a^{-1}a=1$，所以方程 $ax=b$ 的解为 $x=a^{-1}b$，如果对 n 阶方阵 $\boldsymbol{A}$ 也定义它的逆矩阵为 $\boldsymbol{A}^{-1}$，使之满足 $\boldsymbol{AA}^{-1}=\boldsymbol{A}^{-1}\boldsymbol{A}=\boldsymbol{E}$，那么，用 $\boldsymbol{A}^{-1}$左乘矩阵方程 $\boldsymbol{AX}=\boldsymbol{B}$ 可得解 $\boldsymbol{X}=\boldsymbol{A}^{-1}\boldsymbol{B}$.

于是，只要求出系数矩阵 $\boldsymbol{A}$ 的逆矩阵 $\boldsymbol{A}^{-1}$，线性方程组(4-2)的解就出来了，根据逆矩阵的性质，可得到逆矩阵的条件及表达式．

n 阶方阵 $\boldsymbol{A}$ 可逆的充要条件是$|\boldsymbol{A}|\neq 0$，且当 $\boldsymbol{A}$ 可逆时，$\boldsymbol{A}^{-1}=\frac{1}{|\boldsymbol{A}|}\boldsymbol{A}^*$，其中 $\boldsymbol{A}^*$ 为 $\boldsymbol{A}$ 的伴随矩阵.

虽然系数矩阵 $\boldsymbol{A}$ 的逆矩阵 $\boldsymbol{A}^{-1}$能利用 $\boldsymbol{A}^{-1}=\frac{1}{|\boldsymbol{A}|}\boldsymbol{A}^*$ 求出，而利用伴随矩阵的方法求逆矩阵，需要计算众多的代数余子式，这对于阶数较大的矩阵来说是相当困难的，从而会直接影响到 $\boldsymbol{X}=\boldsymbol{A}^{-1}\boldsymbol{B}$ 的求解．下面给出较好的求逆矩阵的方法，进而求解线性方程组．

(4) 初等变换与线性方程组．

矩阵的初等变换是矩阵的一种十分重要的运算，它在解线性方程组、求逆矩阵的探讨

中都起到重要作用. 应用矩阵的初等变换求逆矩阵是一个比较好的方法.

矩阵的初等变换源于消元法解线性方程组所进行的变换，消元法解方程组所进行的变换，可归纳为三种基本变换：① 互换两个方程的位置；② 用一个非零常数乘一个方程；③ 用一个数乘一个方程后加到另一个方程上. 变换①、②、③是线性方程组的同解变换，也就是说，上述变换不改变方程组的解. 那么，把方程组的上述三种同解变换移植到矩阵上，就得到了矩阵的三种初等变换，矩阵的初等行变换如下：

① 对调两行；

② 以数 $k\neq 0$ 乘某一行中的所有元素；

③ 把某一行所有元素的 k 倍加到另一行对应的元素上.

把上面的“行”换成“列”，即得到矩阵的初等列变换，统称为初等变换. 所以，矩阵的初等变换也是一直围绕着线性方程组的求解来进行的，且用矩阵的初等行变换解线性方程组更简便. 下面就介绍应用初等行变换求逆矩阵的方法.

将 n 阶可逆矩阵 $\boldsymbol{A}$ 与 n 阶单位矩阵 $\boldsymbol{E}$ 构成一个 $n\times 2n$ 的矩阵$[\boldsymbol{A} \vdots \boldsymbol{E}]$，对$[\boldsymbol{A} \vdots \boldsymbol{E}]$施行初等行变换，就相当于对 $\boldsymbol{A}$ 和 $\boldsymbol{E}$ 施行相同的初等行变换，当左边的 $\boldsymbol{A}$ 化为 $\boldsymbol{E}$ 时，右边的 $\boldsymbol{E}$ 就随之化为 $\boldsymbol{A}^{-1}$了，即

$$[\boldsymbol{A} \vdots \boldsymbol{E}] \xrightarrow{\text{初等行变换}} [\boldsymbol{E} \vdots \boldsymbol{A}^{-1}]$$

应用上述方法求逆矩阵比较容易实现，而且可以同时判断 $\boldsymbol{A}$ 的可逆性. 如果经过若干次初等行变换后，左边的方阵中有一行元素全为零，则易见 $\boldsymbol{A}$ 不可逆，此时 $\boldsymbol{A}^{-1}$不存在.

当然，还可以对线性方程组的增广矩阵进行初等行变换，转化为阶梯形矩阵，也可以很方便地求出方程组的解. 总之，矩阵的初等变换对线性方程组的解很有价值.

4.2 线性方程组与向量组的关系

关于齐次和非齐次线性方程组的解的判定，可用如下图解表示.

齐次线性方程组：

$$\boldsymbol{A}_{m\times n}\boldsymbol{X}=\boldsymbol{0}\begin{cases}\text{唯一零解} \Leftrightarrow R(\boldsymbol{A})=n\\ \text{有非零解} \Leftrightarrow R(\boldsymbol{A})<n\end{cases}$$

$$\boldsymbol{A} \xrightarrow{\text{初等行变换}} \text{行最简形矩阵}$$

非齐次线性方程组：

$$\boldsymbol{A}_{m\times n}\boldsymbol{X}=\boldsymbol{b}\begin{cases}\text{无解} \Leftrightarrow R(\boldsymbol{A})\neq R(\boldsymbol{A} \vdots \boldsymbol{b})\\ \text{有解} \Leftrightarrow R(\boldsymbol{A})=R(\boldsymbol{A} \vdots \boldsymbol{b})\begin{cases}=n\text{，唯一解}\\ <n\text{，无穷多解}\end{cases}\end{cases}$$

$$(\boldsymbol{A} \vdots \boldsymbol{b}) \xrightarrow{\text{初等行变换}} \text{行阶梯形矩阵} \xrightarrow[\text{有解}]{\text{初等行变换}} \text{行最简形矩阵}$$

注：非齐次线性方程组的增广矩阵化为行阶梯形矩阵后，若无解，则无需再化为行最简形矩阵；若有解，则有必要再化成行最简形矩阵.

从向量组的角度理解线性方程组解的情况，将有助于理解向量组的线性相关、线性无关等抽象理论. 在此先介绍线性组合和线性表示的概念.

(1) 线性组合. 给定向量组 $\boldsymbol{\alpha}_1$，$\boldsymbol{\alpha}_2$，…，$\boldsymbol{\alpha}_s$，对任意一组数 k_1，k_2，…，k_s，则称 $k_1\boldsymbol{\alpha}_1+k_2\boldsymbol{\alpha}_2+\cdots+k_s\boldsymbol{\alpha}_s$ 为向量组 $\boldsymbol{\alpha}_1$，$\boldsymbol{\alpha}_2$，…，$\boldsymbol{\alpha}_s$ 的一个线性组合.

(2) 线性表示. 给定向量组 $\boldsymbol{\alpha}_1$，$\boldsymbol{\alpha}_2$，…，$\boldsymbol{\alpha}_s$ 和 $\boldsymbol{\beta}$，如果存在常数 k_1，k_2，…，k_s 使得 $\boldsymbol{\beta}=k_1\boldsymbol{\alpha}_1+k_2\boldsymbol{\alpha}_2+\cdots+k_s\boldsymbol{\alpha}_s$，则称向量 $\boldsymbol{\beta}$ 能由向量组 $\boldsymbol{\alpha}_1$，$\boldsymbol{\alpha}_2$，…，$\boldsymbol{\alpha}_s$ 线性表示.

由此，针对线性方程组：

$$\begin{cases} a_{11}x_1+a_{12}x_2+\cdots+a_{1n}x_n=b_1 \\ a_{21}x_1+a_{22}x_2+\cdots+a_{2n}x_n=b_2 \\ \quad\vdots \qquad\qquad \vdots \qquad\qquad \vdots \\ a_{m1}x_1+a_{m2}x_2+\cdots+a_{mn}x_n=b_m \end{cases} \tag{4-5}$$

若记

$$\boldsymbol{\alpha}_i=\begin{bmatrix} a_{1i} \\ a_{2i} \\ \vdots \\ a_{mi} \end{bmatrix}, \quad (i=1, 2, \cdots, n) \qquad \boldsymbol{\beta}=\begin{bmatrix} b_1 \\ b_2 \\ \vdots \\ b_m \end{bmatrix}$$

即

$$\boldsymbol{A}=[\boldsymbol{\alpha}_1, \boldsymbol{\alpha}_2, \cdots, \boldsymbol{\alpha}_n]$$

则上述方程组(4-5)可表示为

$$x_1\boldsymbol{\alpha}_1+x_2\boldsymbol{\alpha}_2+\cdots+x_n\boldsymbol{\alpha}_n=\boldsymbol{\beta} \tag{4-6}$$

称之为线性方程组的向量形式.

当 $\boldsymbol{\beta}=\boldsymbol{0}$ 时，(4-5)为齐次线性方程组；

当 $\boldsymbol{\beta}\neq\boldsymbol{0}$ 时，(4-6)为非齐次线性方程组.

相应地，有以下描述：

线性方程组有解 $\Leftrightarrow\boldsymbol{\beta}$ 可由 $\boldsymbol{A}$ 的列向量组 $\boldsymbol{\alpha}_1$，$\boldsymbol{\alpha}_2$，…，$\boldsymbol{\alpha}_n$ 线性表示

$\Leftrightarrow$ 存在数 x_1，x_2，…，x_n，使得 $x_1\boldsymbol{\alpha}_1+x_2\boldsymbol{\alpha}_2+\cdots+x_n\boldsymbol{\alpha}_n=\boldsymbol{\beta}$

例 1 判断 $\boldsymbol{\beta}$ 能否由其余向量线性表示？若能，给出表达式.

(1) $\boldsymbol{\beta}=(1, 1, 1)^{\mathrm{T}}$，$\boldsymbol{\alpha}_1=(0, 1, -1)^{\mathrm{T}}$，$\boldsymbol{\alpha}_2=(1, 1, 0)^{\mathrm{T}}$，$\boldsymbol{\alpha}_3=(1, 0, 2)^{\mathrm{T}}$；

(2) $\boldsymbol{\beta}=(2, 2, 0)^{\mathrm{T}}$，$\boldsymbol{\alpha}_1=(-1, 1, 0)^{\mathrm{T}}$，$\boldsymbol{\alpha}_2=(1, 1, 2)^{\mathrm{T}}$；

(3) $\boldsymbol{\beta}=(-2, 4, 1)^{\mathrm{T}}$，$\boldsymbol{\alpha}_1=(1, 1, -4)^{\mathrm{T}}$，$\boldsymbol{\alpha}_2=(-1, -1, 4)^{\mathrm{T}}$，$\boldsymbol{\alpha}_3=(-1, 1, 1)^{\mathrm{T}}$.

解 (1) 只需考虑以 $[\boldsymbol{A}, \boldsymbol{\beta}]=[\boldsymbol{\alpha}_1, \boldsymbol{\alpha}_2, \boldsymbol{\alpha}_3, \boldsymbol{\beta}]$ 为增广矩阵的线性方程组是否有解，当有解时给出解的线性表示式.

$$[\boldsymbol{A}, \boldsymbol{\beta}]=[\boldsymbol{\alpha}_1, \boldsymbol{\alpha}_2, \boldsymbol{\alpha}_3, \boldsymbol{\beta}]=\begin{bmatrix} 0 & 1 & 1 & 1 \\ 1 & 1 & 0 & 1 \\ -1 & 0 & 2 & 1 \end{bmatrix} \xrightarrow{\text{行}} \begin{bmatrix} 1 & 0 & 0 & 1 \\ 0 & 1 & 0 & 0 \\ 0 & 0 & 1 & 1 \end{bmatrix}$$

方程组有唯一解 $(1, 0, 1)^{\mathrm{T}}$，即 $\boldsymbol{\beta}$ 可由 $\boldsymbol{\alpha}_1$、$\boldsymbol{\alpha}_2$、$\boldsymbol{\alpha}_3$ 线性表示，且表达式为

$$\boldsymbol{\beta}=1\cdot\boldsymbol{\alpha}_1+0\cdot\boldsymbol{\alpha}_2+1\cdot\boldsymbol{\alpha}_3=\boldsymbol{\alpha}_1+\boldsymbol{\alpha}_3$$

(2) $[\boldsymbol{A}, \boldsymbol{\beta}]=[\boldsymbol{\alpha}_1, \boldsymbol{\alpha}_2, \boldsymbol{\beta}]=\begin{bmatrix} -1 & 1 & 2 \\ 1 & 1 & 2 \\ 1 & 2 & 0 \end{bmatrix} \xrightarrow{\text{行}} \begin{bmatrix} -1 & 1 & 2 \\ 0 & 1 & 2 \\ 0 & 0 & -4 \end{bmatrix}$

方程组无解，即 $\boldsymbol{\beta}$ 不能由 $\boldsymbol{\alpha}_1$、$\boldsymbol{\alpha}_2$ 线性表示.

(3) $[\boldsymbol{A}, \boldsymbol{\beta}]=[\boldsymbol{\alpha}_1, \boldsymbol{\alpha}_2, \boldsymbol{\alpha}_3, \boldsymbol{\beta}]=\begin{bmatrix} 1 & -1 & -1 & -2 \\ 1 & -1 & 1 & 4 \\ -4 & 4 & 1 & -1 \end{bmatrix} \xrightarrow{\text{行}} \begin{bmatrix} 1 & -1 & 0 & 1 \\ 0 & 0 & 1 & 3 \\ 0 & 0 & 0 & 0 \end{bmatrix}$

方程组有无穷多解，其中$(1, 0, 3)^{\mathrm{T}}$是其中一解，从而$\boldsymbol{\beta}$可由$\boldsymbol{\alpha}_1$、$\boldsymbol{\alpha}_2$、$\boldsymbol{\alpha}_3$以无穷种方式线性表示，其中一种表达式为

$$\boldsymbol{\beta}=\boldsymbol{\alpha}_1+3\boldsymbol{\alpha}_3$$

下面介绍线性相关和线性无关的等价描述.

$\boldsymbol{\alpha}_1, \boldsymbol{\alpha}_2, \cdots, \boldsymbol{\alpha}_r$ 线性相关$\Leftrightarrow$存在不全为零的$x_1, x_2, \cdots, x_r$，使得

$$x_1\boldsymbol{\alpha}_1+x_2\boldsymbol{\alpha}_2+\cdots+x_r\boldsymbol{\alpha}_r=\boldsymbol{0}$$

$\Leftrightarrow R(\boldsymbol{\alpha}_1, \boldsymbol{\alpha}_2, \cdots, \boldsymbol{\alpha}_r)<r$

$\Leftrightarrow$至少存在一个向量能由其余向量线性表示

$\boldsymbol{\alpha}_1, \boldsymbol{\alpha}_2, \cdots, \boldsymbol{\alpha}_r$ 线性无关$\Leftrightarrow$当且仅当$x_1, x_2, \cdots, x_r$全为零时，

$x_1\boldsymbol{\alpha}_1+x_2\boldsymbol{\alpha}_2+\cdots+x_r\boldsymbol{\alpha}_r=\boldsymbol{0}$才成立

$\Leftrightarrow R(\boldsymbol{\alpha}_1, \boldsymbol{\alpha}_2, \cdots, \boldsymbol{\alpha}_r)=r$

$\Leftrightarrow$任何一个向量均不能由其余向量线性表示

利用上述描述，可得出以下结论：

(1) 一个零向量必线性相关；

(2) 一个非零向量必线性无关；

(3) 一个向量组中含有零向量，则该向量组必线性相关；

(4) 对于向量组Ⅰ、Ⅱ，若Ⅰ$\subseteq$Ⅱ，则Ⅰ相关$\Rightarrow$Ⅱ相关，Ⅱ无关$\Rightarrow$Ⅰ无关；

(5) 向量的维数$<$向量组中向量的个数$\Rightarrow$向量组必线性相关(即$n+1$个n维向量必线性相关)；

(6) $\boldsymbol{\alpha}_1, \boldsymbol{\alpha}_2, \cdots, \boldsymbol{\alpha}_r$线性无关，$\boldsymbol{\alpha}_1, \boldsymbol{\alpha}_2, \cdots, \boldsymbol{\alpha}_r, \boldsymbol{\beta}$线性相关$\Rightarrow\boldsymbol{\beta}$必可由$\boldsymbol{\alpha}_1, \boldsymbol{\alpha}_2, \cdots, \boldsymbol{\alpha}_r$线性表示，且表示式唯一.

掌握了线性相关和线性无关的理论后，大家自然会思考，任给一个向量组，能否找到它的部分向量组使其线性无关？若再添一个向量，则必线性相关. 这样的向量组是否存在？若存在，是否唯一？这些理论便是极大线性无关组产生的原因了.

"极大"是指线性无关的部分组包含向量的个数最多，即可叙述为：

若一个向量组的部分组$\boldsymbol{\alpha}_1, \boldsymbol{\alpha}_2, \cdots, \boldsymbol{\alpha}_r$满足

(1) 线性无关；

(2) 任取$r+1$个向量必线性相关.

则称$\boldsymbol{\alpha}_1, \boldsymbol{\alpha}_2, \cdots, \boldsymbol{\alpha}_r$为向量组的一个极大线性无关组，并称极大线性无关组中所含向量的个数为向量组的秩，记为r.

如何求向量组的秩和极大线性无关组？从线性方程组的向量形式可知，系数矩阵可按列分块，即

$$\boldsymbol{A}=[\boldsymbol{\alpha}_1, \boldsymbol{\alpha}_2, \cdots, \boldsymbol{\alpha}_n]$$

那么，向量组的秩与矩阵的秩又有何关系？

向量组的秩是指极大线性无关组所含向量的个数，而矩阵的秩是通过k阶子式定义的，叙述如下：

在 $m\times n$ 阶矩阵 $\boldsymbol{A}$ 中，任取 k 行 k 列($k\leqslant\min\{m, n\}$)，位于这些行与列交叉处的 k^2 个元素，依照它们在 $\boldsymbol{A}$ 中的位置次序不变而得的 k 阶行列式，称为矩阵 $\boldsymbol{A}$ 的一个 k 阶子式，而矩阵 $\boldsymbol{A}$ 中不等于 0 的子式的最高阶数称为矩阵的秩，记为 $R(\boldsymbol{A})$.

同时，$m\times n$ 阶矩阵 $\boldsymbol{A}$ 的 n 个列向量构成的向量组的秩称为 $\boldsymbol{A}$ 的列秩. 称 $\boldsymbol{A}$ 的 m 个行向量构成的向量组的秩为 $\boldsymbol{A}$ 的行秩. 于是有以下结论.

定理 1 $\boldsymbol{A}$ 的秩 $=\boldsymbol{A}$ 的行秩 $=\boldsymbol{A}$ 的列秩

注意：由于 $R(\boldsymbol{A})=R(\boldsymbol{A}^{\mathrm{T}})$，而 $\boldsymbol{A}$ 的行秩就是 $\boldsymbol{A}^{\mathrm{T}}$ 的列秩，也等于 $\boldsymbol{A}$ 的秩，因此有

$$R(\boldsymbol{A}) = \boldsymbol{A}\text{ 的列向量组的秩} = \boldsymbol{A}\text{ 的行向量组的秩}$$

从而易知下面推论亦成立.

推论 1 如果在 $m\times n$ 阶矩阵 $\boldsymbol{A}$ 中有一个 r 阶子式 $D\neq 0$，则 $\boldsymbol{A}$ 中子式 D 所在的 r 个行(列)向量线性无关；如果 $\boldsymbol{A}$ 中所有 r 阶子式会等于 0，则 $\boldsymbol{A}$ 的任意 r 个行向量或任意 r 个列向量都线性相关.

推论 2 在矩阵 $\boldsymbol{A}$ 中，若有一个 r 阶的子式 $D\neq 0$，且含有 D 的所有 $r+1$ 阶子式(如果存在的话)全为 0，则 $R(\boldsymbol{A})=r$.

于是，求向量组的秩便可以通过求矩阵的秩来解决，下面的定理提供了有力的依据.

定理 2 若矩阵 $\boldsymbol{A}$ 经过初等行变换化为矩阵 $\boldsymbol{B}$，则 $\boldsymbol{A}$ 的列向量组与 $\boldsymbol{B}$ 的列向量组有相同的线性关系.

证明：设对 $m\times n$ 阶矩阵 $\boldsymbol{A}$ 经过初等行变换后化为 $\boldsymbol{B}$，即存在可逆阵 $\boldsymbol{P}$，使 $\boldsymbol{PA}=\boldsymbol{B}$，对 $\boldsymbol{A}$ 和 $\boldsymbol{B}$ 按列分块得

$$\boldsymbol{A} = [\boldsymbol{\alpha}_1, \boldsymbol{\alpha}_2, \cdots, \boldsymbol{\alpha}_n],\quad \boldsymbol{B} = [\boldsymbol{\beta}_1, \boldsymbol{\beta}_2, \cdots, \boldsymbol{\beta}_n]$$

于是有

$$\boldsymbol{PA} = \boldsymbol{P}[\boldsymbol{\alpha}_1, \boldsymbol{\alpha}_2, \cdots, \boldsymbol{\alpha}_n] = [\boldsymbol{P\alpha}_1, \boldsymbol{P\alpha}_2, \cdots, \boldsymbol{P\alpha}_n] = [\boldsymbol{\beta}_1, \boldsymbol{\beta}_2, \cdots, \boldsymbol{\beta}_n]$$

即

$$\boldsymbol{\beta}_i = \boldsymbol{P\alpha}_i \quad (i = 1, 2, \cdots, n)$$

设 $\boldsymbol{A}$ 的某些列 $\boldsymbol{\alpha}_{k_1}, \boldsymbol{\alpha}_{k_2}, \cdots, \boldsymbol{\alpha}_{k_r}$ 有关系 $l_1\boldsymbol{\alpha}_{k_1}+l_2\boldsymbol{\alpha}_{k_2}+\cdots+l_r\boldsymbol{\alpha}_{k_r}=\boldsymbol{0}$.

相应地有

$$\begin{aligned}
&l_1\boldsymbol{\beta}_{k_1} + l_2\boldsymbol{\beta}_{k_2} + \cdots + l_r\boldsymbol{\beta}_{k_r}\\
&= l_1\boldsymbol{P\alpha}_{k_1} + l_2\boldsymbol{P\alpha}_{k_2} + \cdots + l_r\boldsymbol{P\alpha}_{k_r}\\
&= \boldsymbol{P}(l_1\boldsymbol{\alpha}_{k_1} + l_2\boldsymbol{\alpha}_{k_2} + \cdots + l_n\boldsymbol{\alpha}_{k_r})\\
&= \boldsymbol{0}
\end{aligned}$$

这表明 $\boldsymbol{B}$ 的列向量组 $\boldsymbol{\beta}_{k_1}, \boldsymbol{\beta}_{k_2}, \cdots, \boldsymbol{\beta}_{k_r}$ 与 $\boldsymbol{A}$ 的列向量组 $\boldsymbol{\alpha}_{k_1}, \boldsymbol{\alpha}_{k_2}, \cdots, \boldsymbol{\alpha}_{k_r}$ 有相同的线性关系.

有了这一结论，求向量组的秩及极大线性无关组的问题便迎刃而解，即可将要求的向量组按列组成一矩阵，施行初等行变换，其列向量组的线性相关性不变. 同理，若将已知向量组按行组成一矩阵，施行初等列变换，其行向量组的线性相关性不变. 通常情况下，选前者较为方便.

例 2 求下列向量组的一个极大无关组与秩.

$$\boldsymbol{\alpha}_1 = (1, 1, 2, 2, 1),\quad \boldsymbol{\alpha}_2 = (0, 2, 1, 5, -1)$$
$$\boldsymbol{\alpha}_3 = (2, 0, 3, -1, 3),\quad \boldsymbol{\alpha}_4 = (1, 1, 0, 4, -1)$$

解 用列向量构造矩阵并作初等行变换：

$$A=[\alpha_1^T,\ \alpha_2^T,\ \alpha_3^T,\ \alpha_4^T]=\begin{bmatrix}1&0&2&1\\1&2&0&1\\2&1&3&0\\2&5&-1&4\\1&-1&3&-1\end{bmatrix}\to\begin{bmatrix}1&0&2&1\\0&2&-2&0\\0&1&-1&-2\\0&5&-5&2\\0&-1&1&-2\end{bmatrix}$$

$$\to\begin{bmatrix}1&0&2&1\\0&1&-1&-2\\0&2&-2&0\\0&5&-5&2\\0&-1&1&-2\end{bmatrix}\to\begin{bmatrix}1&0&2&1\\0&1&-1&2\\0&0&0&4\\0&0&0&12\\0&0&0&-4\end{bmatrix}\to\begin{bmatrix}1&0&2&1\\0&1&-1&2\\0&0&0&1\\0&0&0&0\\0&0&0&0\end{bmatrix}=B$$

易知，$R(\alpha_1,\alpha_2,\alpha_3,\alpha_4)=3$，且 α_1、α_2、α_4 是原向量组的一个极大无关组.

容易看出，α_1、α_3、α_4 也是它的一个极大无关组.

可见，向量组中极大无关组不唯一，但无关组中所含向量个数固定，即向量组的秩唯一.

例 3 设 $A=(a_{ij})_{s\times n}$，$B=(b_{ij})_{n\times m}$，证明

$$R(AB)\geqslant R(A)+R(B)-n$$

解 **证法一** 设 $R(A)=r$，$R(B)=t$，则存在非奇异矩阵 P、Q，使得

$$PAQ=\begin{bmatrix}E_r&0\\0&0\end{bmatrix}$$

则

$$PAB=PAQQ^{-1}B=\begin{bmatrix}E_r&0\\0&0\end{bmatrix}Q^{-1}B\xlongequal{令C=Q^{-1}B}\begin{bmatrix}E_r&0\\0&0\end{bmatrix}C$$

$$=\begin{bmatrix}E_r&0\\0&0\end{bmatrix}\begin{bmatrix}C_1\\C_2\end{bmatrix}=\begin{bmatrix}C_1\\0\end{bmatrix}\quad 其中 C=\begin{bmatrix}C_1\\C_2\end{bmatrix},\ C_1 是 r\times m 矩阵.$$

于是

$$R(AB)=R\begin{bmatrix}C_1\\0\end{bmatrix}=R(C_1)\geqslant R(C)-(n-r)=R(C)+r-n$$

$$=R(B)+R(A)-n$$

证法二 利用分块矩阵的初等变换，得

$$\begin{bmatrix}E_r&0\\0&AB\end{bmatrix}\xrightarrow{行}\begin{bmatrix}E_r&0\\A&AB\end{bmatrix}\xrightarrow{列}\begin{bmatrix}E_r&-B\\A&0\end{bmatrix}$$

则

$$R\begin{bmatrix}E_n&0\\0&AB\end{bmatrix}=R\begin{bmatrix}E_n&-B\\A&0\end{bmatrix}$$

即

$$n+R(AB)=R\begin{bmatrix}E_n&-B\\A&0\end{bmatrix}\geqslant R(A)+R(-B)=R(A)+R(B)$$

故

$$R(\boldsymbol{AB}) \geqslant R(\boldsymbol{A}) + R(\boldsymbol{B}) - n$$

例 4 已知 n 阶矩阵 $\boldsymbol{A}$ 满足 $\boldsymbol{A}^2=\boldsymbol{A}$(幂等矩阵)，证明 $R(\boldsymbol{A})+R(\boldsymbol{A}-\boldsymbol{E})=n$.

证明 由 $\boldsymbol{A}^2=\boldsymbol{A}$，得 $\boldsymbol{A}(\boldsymbol{A}-\boldsymbol{E})=\boldsymbol{0}$，由例 3 知：

$$R(\boldsymbol{A}) + R(\boldsymbol{A}-\boldsymbol{E}) \leqslant n$$

又

$$R(\boldsymbol{A}) + R(\boldsymbol{A}-\boldsymbol{E}) = R(\boldsymbol{A}) + R(\boldsymbol{E}-\boldsymbol{A}) \geqslant R(\boldsymbol{A}+\boldsymbol{E}-\boldsymbol{A}) = n$$

因此

$$R(\boldsymbol{A}) + R(\boldsymbol{A}-\boldsymbol{E}) = n$$

注：此时利用了 $R(\boldsymbol{A}-\boldsymbol{E})=R(\boldsymbol{E}-\boldsymbol{A})$ 和 $R(\boldsymbol{A})+R(\boldsymbol{B})\geqslant R(\boldsymbol{A}+\boldsymbol{B})$.

例 5 已知 $\boldsymbol{Q}=\begin{bmatrix}1 & 2 & 3\\ 2 & 4 & t\\ 3 & 6 & 9\end{bmatrix}$，$\boldsymbol{P}$ 为三阶非零矩阵，且 $\boldsymbol{PQ}=\boldsymbol{0}$，则下列结论正确的是(　　).

(A) $t=6$ 时，$R(\boldsymbol{P})=1$;　　(B) $t=6$ 时，$R(\boldsymbol{P})=2$;

(C) $t\neq 6$ 时，$R(\boldsymbol{P})=1$;　　(D) $t\neq 6$ 时，$R(\boldsymbol{P})=2$.

解 因为 $\boldsymbol{P}$、$\boldsymbol{Q}$ 都是三阶矩阵，且 $\boldsymbol{PQ}=\boldsymbol{0}$，则

$$R(\boldsymbol{P}) + R(\boldsymbol{Q}) \leqslant 3$$

当 $t=6$ 时，由于

$$\boldsymbol{Q} = \begin{bmatrix}1 & 2 & 3\\ 2 & 4 & 6\\ 3 & 6 & 9\end{bmatrix} \to \begin{bmatrix}1 & 2 & 3\\ 0 & 0 & 0\\ 0 & 0 & 0\end{bmatrix}$$

所以

$$R(\boldsymbol{Q}) = 1$$

于是

$$R(\boldsymbol{P}) + R(\boldsymbol{Q}) = R(\boldsymbol{P}) + 1 \leqslant 3$$

得 $R(\boldsymbol{P})\leqslant 2$，即说明 $\boldsymbol{P}$ 的秩可以是 1 或 2，这样可排除(A)、(B)选项.

当 $t\neq 6$ 时，显然 $R(\boldsymbol{Q})=2$，从而 $R(\boldsymbol{P})\leqslant 1$，又 $\boldsymbol{P}$ 为非零矩阵，所以 $R(\boldsymbol{P})\neq 0$，故 $R(\boldsymbol{P})=1$. 因此选(C).

接下来讨论向量组的等价.

若向量组Ⅰ和向量组Ⅱ可以相互线性表示，则称向量组Ⅰ与向量组Ⅱ等价.

显然有，等价向量组的秩相同.

将两个向量组分别按列排成矩阵，设为 $\boldsymbol{A}$ 和 $\boldsymbol{B}$，由于两者等价，存在可逆矩阵 $\boldsymbol{P}$，使 $\boldsymbol{PA}=\boldsymbol{B}$，则由 $\boldsymbol{PA}=\boldsymbol{B}$ 知

$$R(\boldsymbol{B}) = R(\boldsymbol{PA}) \leqslant R(\boldsymbol{A})$$

又由 $\boldsymbol{A}=\boldsymbol{P}^{-1}\boldsymbol{B}$ 知

$$R(\boldsymbol{A}) = R(\boldsymbol{P}^{-1}\boldsymbol{B}) \leqslant R(\boldsymbol{B})$$

从而

$$R(\boldsymbol{A}) = R(\boldsymbol{B})$$

可能有人会问，向量组等价⇒秩相等，反之，则不成立. 为什么?

大家可能这样想：矩阵等价的条件是秩相等.

$$\text{矩阵 } \boldsymbol{A} \text{ 与 } \boldsymbol{B} \text{ 等价} \Leftrightarrow R(\boldsymbol{A}) = R(\boldsymbol{B})$$

而向量组可以看做矩阵，为什么秩相等$\nRightarrow$向量组等价？

注意：两个等价的定义是完全不同的，矩阵等价是通过标准形来定义的，向量组等价是指可以互相线性表示．例如：

向量组Ⅰ：$\boldsymbol{\alpha}_1=(1, 0, 0)^{\mathrm{T}}$，$\boldsymbol{\alpha}_2=(0, 1, 0)^{\mathrm{T}}$；

向量组Ⅱ：$\boldsymbol{\beta}_1=(1, 0, 0)^{\mathrm{T}}$，$\boldsymbol{\beta}_2=(0, 0, 1)^{\mathrm{T}}$.

很显然，其秩相等，均等于 2，但无法做到 $\boldsymbol{\beta}_1$、$\boldsymbol{\beta}_2$ 和 $\boldsymbol{\alpha}_1$、$\boldsymbol{\alpha}_2$ 可以相互线性表示，故不等价.

4.3　线性方程组与向量空间的关系

线性代数是数学的一个分支，它的研究对象是向量、向量空间(或称线性空间)、线性变换和有限维的线性方程组．究竟线性方程组与向量空间有何关系？

回顾向量空间的概念：设 V 是 n 维向量的集合，如果集合 $\boldsymbol{V}$ 非空，且集合 $\boldsymbol{V}$ 对于向量的加法和数乘运算封闭，则称集合 $\boldsymbol{V}$ 为向量空间(亦称 $\boldsymbol{V}$ 为线性空间)．所谓加法和数乘封闭是指对于任意 $\boldsymbol{\alpha}$，$\boldsymbol{\beta}\in V$，$k\in\mathbf{R}$，有

$$\boldsymbol{\alpha}+\boldsymbol{\beta} \in \boldsymbol{V}, \quad k\boldsymbol{\alpha} \in \boldsymbol{V}$$

显然，n 维向量的集合是一个向量空间，记作 $\mathbf{R}^n$.

一般地，由向量组 $\boldsymbol{\alpha}_1$，$\boldsymbol{\alpha}_2$，…，$\boldsymbol{\alpha}_m$ 所生成的向量空间为

$$\boldsymbol{V} = \{\boldsymbol{x} \mid \boldsymbol{x} = k_1\boldsymbol{\alpha}_1 + k_2\boldsymbol{\alpha}_2 + \cdots + k_m\boldsymbol{\alpha}_m,\ k_1, k_2, \cdots, k_m \in \mathbf{R}\}$$

若将向量空间中的所有向量看做一个向量组，则前面讨论的极大线性无关组和秩的概念又该如何理解呢？

在向量空间中则有不同的定义，即基和维数的概念.

设 V 是向量空间，如果 $\boldsymbol{V}$ 中有 r 个向量 $\boldsymbol{\alpha}_1$，$\boldsymbol{\alpha}_2$，…，$\boldsymbol{\alpha}_r$，且满足

(1) $\boldsymbol{\alpha}_1$，$\boldsymbol{\alpha}_2$，…，$\boldsymbol{\alpha}_r$ 线性无关；

(2) $\boldsymbol{V}$ 中任一向量均可由 $\boldsymbol{\alpha}_1$，$\boldsymbol{\alpha}_2$，…，$\boldsymbol{\alpha}_r$ 线性表示.

则称向量组 $\boldsymbol{\alpha}_1$，$\boldsymbol{\alpha}_2$，…，$\boldsymbol{\alpha}_r$ 为向量空间 $\boldsymbol{V}$ 的一个基，r 称为向量空间 $\boldsymbol{V}$ 的维数，记为 $\dim(\boldsymbol{V})=r$ 并称 $\boldsymbol{V}$ 为 r 维向量空间.

注：(1) 只含有零向量的向量空间称为 0 维向量空间，因此它没有基.

(2) 若把向量空间 $\boldsymbol{V}$ 看做向量组，那么 $\boldsymbol{V}$ 的基就是向量组的最大无关组，$\boldsymbol{V}$ 的维数就是向量组的秩.

(3) 若向量组 $\boldsymbol{\alpha}_1$，$\boldsymbol{\alpha}_2$，…，$\boldsymbol{\alpha}_r$ 是向量空间 V 的一个基，则 V 可表示为

$$\boldsymbol{V} = \{\boldsymbol{x} \mid \boldsymbol{x} = \lambda_1\boldsymbol{\alpha}_1 + \lambda_2\boldsymbol{\alpha}_2 + \cdots + \lambda_r\boldsymbol{\alpha}_r,\ \lambda_1, \lambda_2, \cdots, \lambda_r \in \mathbf{R}\}$$

满足齐次线性方程组 $\boldsymbol{AX}=\boldsymbol{0}$ 的解称为 $\boldsymbol{AX}=\boldsymbol{0}$ 的解向量，则齐次线性方程组解向量的两个性质就保证了全体解向量所组成的集合构成一个向量空间，此向量空间称为齐次线性方程组 $\boldsymbol{AX}=\boldsymbol{0}$ 的**解空间**.

其中解向量的两个性质分别为

(1) 若 $\boldsymbol{\xi}_1$、$\boldsymbol{\xi}_2$ 为 $\boldsymbol{AX}=\boldsymbol{0}$ 的解，则 $\boldsymbol{\xi}_1+\boldsymbol{\xi}_2$ 也是 $\boldsymbol{AX}=\boldsymbol{0}$ 的解；

(2) 若 $\boldsymbol{\xi}_1$ 是 $\boldsymbol{AX}=\boldsymbol{0}$ 的解，k 为实数，则 $k\boldsymbol{\xi}_1$ 也是 $\boldsymbol{AX}=\boldsymbol{0}$ 的解.

接下来，再讨论齐次线性方程 $\boldsymbol{AX}=\boldsymbol{0}$ 的解向量中类似于极大线性无关组的概念——基础解系.

$\boldsymbol{\eta}_1$，$\boldsymbol{\eta}_2$，…，$\boldsymbol{\eta}_t$ 称为齐次线性方程组 $\boldsymbol{AX}=\boldsymbol{0}$ 的基础解系，如果下面两条同时成立：

(1) $\boldsymbol{\eta}_1$，$\boldsymbol{\eta}_2$，…，$\boldsymbol{\eta}_t$ 是 $\boldsymbol{AX}=\boldsymbol{0}$ 的一组线性无关的解；

(2) $\boldsymbol{AX}=\boldsymbol{0}$ 的任一解都可由 $\boldsymbol{\eta}_1$，$\boldsymbol{\eta}_2$，…，$\boldsymbol{\eta}_t$ 线性表示.

基础解系和极大线性无关组以及基的概念完全等同，只是在不同的情况下说法不同而已. 简言之，向量组中称为极大线性无关组；向量空间中称为基；齐次线性方程组 $\boldsymbol{AX}=\boldsymbol{0}$ 的解向量中称为基础解系.

显然有，如果 $\boldsymbol{\eta}_1$，$\boldsymbol{\eta}_2$，…，$\boldsymbol{\eta}_t$ 为齐次线性方程组 $\boldsymbol{AX}=\boldsymbol{0}$ 的一组基础解系，那么，$\boldsymbol{AX}=\boldsymbol{0}$ 的通解可表示为

$$\boldsymbol{X}=k_1\boldsymbol{\eta}_1+k_2\boldsymbol{\eta}_2+\cdots+k_t\boldsymbol{\eta}_t,\ k_1,\ k_2,\ \cdots,\ k_t\ \text{为任意常数}$$

从而 $\boldsymbol{AX}=\boldsymbol{0}$ 的无穷多解的求解可以转化为求一个基础解系，其基础解系的线性组合可以表示全体解，正如前面讨论的 $\boldsymbol{AX}=\boldsymbol{0}$ 的全体解构成一个解空间. 若记 $\ker\boldsymbol{A}=\{\boldsymbol{X}\mid\boldsymbol{AX}=\boldsymbol{0}\}$，则有

$$\ker\boldsymbol{A}=\{k_1\boldsymbol{\xi}_1+k_2\boldsymbol{\xi}_2+\cdots+k_r\boldsymbol{\xi}_r\mid\boldsymbol{\xi}_1,\ \cdots,\ \boldsymbol{\xi}_r\ \text{为}\ \boldsymbol{AX}=\boldsymbol{0}\ \text{的一个基础解系},\ k_1,\ k_2,\ \cdots,\ k_r\ \text{为任意实数}\}$$

说明：解空间的基不唯一.

那么，既然是解空间，该空间的维数如何确定？

定理 3 $m\times n$ 阶矩阵 $\boldsymbol{A}$ 的秩 $R(\boldsymbol{A})=r$，则 n 元齐次线性方程组 $\boldsymbol{AX}=\boldsymbol{0}$ 的解空间的维数为 $n-r$，即基础解系中所含向量个数为 $n-r$.

当 $R(\boldsymbol{A})=n$ 时，方程组只有零解，解空间只含有一个零向量，故没有基础解系；

当 $R(\boldsymbol{A})=r<n$ 时，方程组必含有 $n-r$ 个向量的基础解系 $\boldsymbol{\xi}_1$，$\boldsymbol{\xi}_2$，…，$\boldsymbol{\xi}_{n-r}$，从而解空间的维数为 $n-r$.

例 6 证明：$R(\boldsymbol{A}^{\mathrm{T}}\boldsymbol{A})=R(\boldsymbol{A})$.

证明 设 $\boldsymbol{A}$ 为 $m\times n$ 阶矩阵，$\boldsymbol{X}$ 为 n 维列向量.

若 $\boldsymbol{X}$ 满足 $\boldsymbol{AX}=\boldsymbol{0}$，则有

$$\boldsymbol{A}^{\mathrm{T}}(\boldsymbol{AX})=\boldsymbol{0},\ \text{即}(\boldsymbol{A}^{\mathrm{T}}\boldsymbol{A})\boldsymbol{X}=\boldsymbol{0}$$

若 $\boldsymbol{X}$ 满足 $(\boldsymbol{A}^{\mathrm{T}}\boldsymbol{A})\boldsymbol{X}=\boldsymbol{0}$，则有

$$\boldsymbol{X}^{\mathrm{T}}(\boldsymbol{A}^{\mathrm{T}}\boldsymbol{A})\boldsymbol{X}=\boldsymbol{0},\ \text{即}(\boldsymbol{AX})^{\mathrm{T}}\boldsymbol{AX}=\boldsymbol{0}$$

从而推知

$$\boldsymbol{AX}=\boldsymbol{0}$$

综上可知方程组 $\boldsymbol{AX}=\boldsymbol{0}$ 与 $(\boldsymbol{A}^{\mathrm{T}}\boldsymbol{A})\boldsymbol{X}=\boldsymbol{0}$ 同解. 因此

$$R(\boldsymbol{A}^{\mathrm{T}}\boldsymbol{A})=R(\boldsymbol{A})$$

然而，针对非齐次线性方程组 $\boldsymbol{AX}=\boldsymbol{b}$ 而言，其解向量构成的集合不构成向量空间，但是解向量满足下列两条性质：

(1) 若 $\boldsymbol{\eta}_1$、$\boldsymbol{\eta}_2$ 均是 $\boldsymbol{AX}=\boldsymbol{b}$ 的解，则 $\boldsymbol{\eta}_1-\boldsymbol{\eta}_2$ 为对应的齐次方程 $\boldsymbol{AX}=\boldsymbol{0}$(亦称导出组)

的解；

(2) 若 $\boldsymbol{\eta}$ 是 $\boldsymbol{AX}=\boldsymbol{b}$ 的解，$\boldsymbol{\xi}$ 是方程 $\boldsymbol{AX}=\boldsymbol{0}$ 的解，则 $\boldsymbol{\xi}+\boldsymbol{\eta}$ 仍是 $\boldsymbol{AX}=\boldsymbol{b}$ 的解.

显然解向量关于加运算不封闭，故不构成向量空间，但根据上述讨论可知非齐次线性方程组 $\boldsymbol{AX}=\boldsymbol{b}$ 的通解可表示为

$$\boldsymbol{X}=k_1\boldsymbol{\xi}_1+k_2\boldsymbol{\xi}_2+\cdots+k_{n-r}\boldsymbol{\xi}_{n-r}+\boldsymbol{\eta}^*$$

其中 $\boldsymbol{\xi}_1$，$\boldsymbol{\xi}_2$，…，$\boldsymbol{\xi}_{n-r}$是导出组 $\boldsymbol{AX}=\boldsymbol{0}$ 的一个基础解系，$\boldsymbol{\eta}^*$ 为 $\boldsymbol{AX}=\boldsymbol{b}$ 的任意一个特解.

因此，与 $\boldsymbol{AX}=\boldsymbol{b}$ 有解等价的命题有：

线性方程 $\boldsymbol{AX}=\boldsymbol{b}$ 有解

$\Leftrightarrow$向量 $\boldsymbol{b}$ 能由向量组 $\boldsymbol{\alpha}_1$，$\boldsymbol{\alpha}_2$，…，$\boldsymbol{\alpha}_n$ 线性表示，其中 $\boldsymbol{A}=(\boldsymbol{\alpha}_1, \boldsymbol{\alpha}_2, \cdots, \boldsymbol{\alpha}_n)$；

$\Leftrightarrow$向量组 $\boldsymbol{\alpha}_1$，$\boldsymbol{\alpha}_2$，…，$\boldsymbol{\alpha}_n$ 与向量组 $\boldsymbol{\alpha}_1$，$\boldsymbol{\alpha}_2$，…，$\boldsymbol{\alpha}_n$，$\boldsymbol{b}$ 等价；

$\Leftrightarrow R(\boldsymbol{A})=R(\widetilde{\boldsymbol{A}})$，其中 $\widetilde{\boldsymbol{A}}=(\boldsymbol{A}\quad \boldsymbol{b})$.

例 7 设 $\boldsymbol{A}$ 是 $m\times 3$ 阶矩阵，且 $R(\boldsymbol{A})=1$，如果非齐次线性方程组 $\boldsymbol{AX}=\boldsymbol{b}$ 的三个解向量 $\boldsymbol{\eta}_1$、$\boldsymbol{\eta}_2$、$\boldsymbol{\eta}_3$，满足

$$\boldsymbol{\eta}_1+\boldsymbol{\eta}_3=\begin{pmatrix}1\\2\\3\end{pmatrix},\quad \boldsymbol{\eta}_2+\boldsymbol{\eta}_3=\begin{pmatrix}0\\-1\\1\end{pmatrix},\quad \boldsymbol{\eta}_3+\boldsymbol{\eta}_1=\begin{pmatrix}1\\0\\-1\end{pmatrix}$$

求 $\boldsymbol{AX}=\boldsymbol{b}$ 的通解.

解 因为 $\boldsymbol{A}$ 是 $m\times 3$ 阶矩阵，且 $R(\boldsymbol{A})=1$，所以 $\boldsymbol{AX}=\boldsymbol{0}$ 的基础解系中含有 $3-1=2$ 个线性无关的解向量.

令 $\boldsymbol{\eta}_1+\boldsymbol{\eta}_2=\boldsymbol{\alpha}$，$\boldsymbol{\eta}_2+\boldsymbol{\eta}_3=\boldsymbol{\beta}$，$\boldsymbol{\eta}_3+\boldsymbol{\eta}_1=\boldsymbol{\gamma}$，则

$$\boldsymbol{\eta}_1=\frac{1}{2}(\boldsymbol{\alpha}+\boldsymbol{\gamma}-\boldsymbol{\beta})=\begin{bmatrix}1\\\frac{3}{2}\\\frac{1}{2}\end{bmatrix},\quad \boldsymbol{\eta}_2=\frac{1}{2}(\boldsymbol{\alpha}+\boldsymbol{\beta}-\boldsymbol{\gamma})=\begin{bmatrix}0\\\frac{1}{2}\\\frac{5}{2}\end{bmatrix},$$

$$\boldsymbol{\eta}_3=\frac{1}{2}(\boldsymbol{\beta}+\boldsymbol{\gamma}-\boldsymbol{\alpha})=\begin{bmatrix}1\\-\frac{3}{2}\\-\frac{3}{2}\end{bmatrix},$$

$$\boldsymbol{\eta}_1-\boldsymbol{\eta}_2=\begin{pmatrix}1\\1\\-2\end{pmatrix},\quad \boldsymbol{\eta}_1-\boldsymbol{\eta}_3=\begin{pmatrix}1\\3\\2\end{pmatrix}$$

为 $\boldsymbol{AX}=\boldsymbol{0}$ 的基础解系中的解向量.

故 $\boldsymbol{AX}=\boldsymbol{b}$ 的通解为

$$\begin{pmatrix}\boldsymbol{x}_1\\\boldsymbol{x}_2\\\boldsymbol{x}_3\end{pmatrix}=k_1\begin{pmatrix}1\\1\\-2\end{pmatrix}+k_2\begin{pmatrix}1\\3\\2\end{pmatrix}+\begin{bmatrix}1\\\frac{3}{2}\\\frac{1}{2}\end{bmatrix}=k_1(\boldsymbol{\eta}_1-\boldsymbol{\eta}_2)+k_2(\boldsymbol{\eta}_1-\boldsymbol{\eta}_3)+\boldsymbol{\eta}_1$$

读者自然会思考下面的问题：

在 n 维线性空间中，任意 n 个线性无关的向量都可作为 $\mathbf{V}$ 的一组基，对于不同的基之间会有什么关系？同一向量在不同基下的表示形式相同吗？

若将向量在基下的表达式的系数称为向量在该组基下的坐标，则上述问题即为：随着基的改变，向量的坐标如何改变？

设 $\boldsymbol{\alpha}_1, \boldsymbol{\alpha}_2, \cdots, \boldsymbol{\alpha}_n$ 及 $\boldsymbol{\beta}_1, \boldsymbol{\beta}_2, \cdots, \boldsymbol{\beta}_n$ 是线性空间的两个基，且有

$$\begin{cases} \boldsymbol{\beta}_1 = p_{11}\boldsymbol{\alpha}_1 + p_{21}\boldsymbol{\alpha}_2 + \cdots + p_{n1}\boldsymbol{\alpha}_n \\ \boldsymbol{\beta}_2 = p_{12}\boldsymbol{\alpha}_1 + p_{22}\boldsymbol{\alpha}_2 + \cdots + p_{n2}\boldsymbol{\alpha}_n \\ \cdots \\ \boldsymbol{\beta}_n = p_{1n}\boldsymbol{\alpha}_1 + p_{2n}\boldsymbol{\alpha}_2 + \cdots + p_{nn}\boldsymbol{\alpha}_n \end{cases} \tag{4-7}$$

亦表示为

$$(4-7)\text{式} \Leftrightarrow \begin{pmatrix} \boldsymbol{\beta}_1 \\ \boldsymbol{\beta}_2 \\ \vdots \\ \boldsymbol{\beta}_n \end{pmatrix} = \begin{bmatrix} p_{11} & p_{21} & \cdots & p_{n1} \\ p_{12} & p_{22} & \cdots & p_{n2} \\ \vdots & \vdots & & \vdots \\ p_{1n} & p_{2n} & \cdots & p_{nn} \end{bmatrix} \begin{pmatrix} \boldsymbol{\alpha}_1 \\ \boldsymbol{\alpha}_2 \\ \vdots \\ \boldsymbol{\alpha}_n \end{pmatrix} = \boldsymbol{P}^{\mathrm{T}} \begin{pmatrix} \boldsymbol{\alpha}_1 \\ \boldsymbol{\alpha}_2 \\ \vdots \\ \boldsymbol{\alpha}_n \end{pmatrix}$$

$$\Leftrightarrow (\boldsymbol{\beta}_1, \boldsymbol{\beta}_2, \cdots, \boldsymbol{\beta}_n) = (\boldsymbol{\alpha}_1, \boldsymbol{\alpha}_2, \cdots, \boldsymbol{\alpha}_n)\boldsymbol{P} \text{—— 基变换公式}$$

其中 $\boldsymbol{P}$ 称为由基 $\boldsymbol{\alpha}_1, \boldsymbol{\alpha}_2, \cdots, \boldsymbol{\alpha}_n$ 到基 $\boldsymbol{\beta}_1, \boldsymbol{\beta}_2, \cdots, \boldsymbol{\beta}_n$ 的**过渡矩阵**，显然过渡矩阵 $\boldsymbol{P}$ 可逆.

为回答上述问题的第二部分，设 $\boldsymbol{\alpha} \in V$，且 $\boldsymbol{\alpha}$ 在基 $\boldsymbol{\alpha}_1, \boldsymbol{\alpha}_2, \cdots, \boldsymbol{\alpha}_n$ 下的坐标为 $[x_1, x_2, \cdots, x_n]^{\mathrm{T}}$，$\boldsymbol{\alpha}$ 在基 $\boldsymbol{\beta}_1, \boldsymbol{\beta}_2, \cdots, \boldsymbol{\beta}_n$ 下的坐标为 $[y_1, y_2, \cdots, y_n]^{\mathrm{T}}$，即

$$\boldsymbol{\alpha} = [\boldsymbol{\alpha}_1, \boldsymbol{\alpha}_2, \cdots, \boldsymbol{\alpha}_n] \begin{pmatrix} x_1 \\ x_2 \\ \vdots \\ x_n \end{pmatrix}$$

$$\boldsymbol{\beta} = [\boldsymbol{\beta}_1, \boldsymbol{\beta}_2, \cdots, \boldsymbol{\beta}_n] \begin{pmatrix} y_1 \\ y_2 \\ \vdots \\ y_n \end{pmatrix}$$

若两个基满足

$$[\boldsymbol{\beta}_1, \boldsymbol{\beta}_2, \cdots, \boldsymbol{\beta}_n] = [\boldsymbol{\alpha}_1, \boldsymbol{\alpha}_2, \cdots, \boldsymbol{\alpha}_n]\boldsymbol{P}$$

则有

$$\begin{pmatrix} x_1 \\ x_2 \\ \vdots \\ x_n \end{pmatrix} = \boldsymbol{P} \begin{pmatrix} y_1 \\ y_2 \\ \vdots \\ y_n \end{pmatrix} \quad \text{或} \quad \begin{pmatrix} y_1 \\ y_2 \\ \vdots \\ y_n \end{pmatrix} = \boldsymbol{P}^{-1} \begin{pmatrix} x_1 \\ x_2 \\ \vdots \\ x_n \end{pmatrix} \text{—— 坐标变换公式}$$

其推导如下：

$$\boldsymbol{\alpha} = [\boldsymbol{\alpha}_1, \boldsymbol{\alpha}_2, \cdots, \boldsymbol{\alpha}_n] \begin{pmatrix} x_1 \\ x_2 \\ \vdots \\ x_n \end{pmatrix} = [\boldsymbol{\beta}_1, \boldsymbol{\beta}_2, \cdots, \boldsymbol{\beta}_n] \begin{pmatrix} y_1 \\ y_2 \\ \vdots \\ y_n \end{pmatrix} = [\boldsymbol{\alpha}_1, \boldsymbol{\alpha}_2, \cdots, \boldsymbol{\alpha}_n]\boldsymbol{P} \begin{pmatrix} y_1 \\ y_2 \\ \vdots \\ y_n \end{pmatrix}$$

即

$$\begin{pmatrix} x_1 \\ x_2 \\ \vdots \\ x_n \end{pmatrix} = \boldsymbol{P} \begin{pmatrix} y_1 \\ y_2 \\ \vdots \\ y_n \end{pmatrix}$$

由于 $\boldsymbol{P}$ 可逆，所以

$$\begin{pmatrix} y_1 \\ y_2 \\ \vdots \\ y_n \end{pmatrix} = \boldsymbol{P}^{-1} \begin{pmatrix} x_1 \\ x_2 \\ \vdots \\ x_n \end{pmatrix}$$

在此，补充坐标变换的几何意义，以便读者理解.

例 8 设 $\boldsymbol{\alpha}_1 = \begin{bmatrix} 1 \\ 0 \end{bmatrix}$，$\boldsymbol{\alpha}_2 = \begin{bmatrix} 0 \\ 1 \end{bmatrix}$及 $\boldsymbol{\beta}_1 = \begin{bmatrix} 1 \\ 1 \end{bmatrix}$，$\boldsymbol{\beta}_2 = \begin{bmatrix} 1 \\ -\frac{1}{2} \end{bmatrix}$为线性空间 $\mathbf{R}^2$ 的两个基. 求 $\boldsymbol{\alpha} = -\frac{1}{2}\boldsymbol{\alpha}_1 + \boldsymbol{\alpha}_2$ 在 $\boldsymbol{\beta}_1$，$\boldsymbol{\beta}_2$ 下的坐标.

解 由 $\boldsymbol{\alpha} = -\frac{1}{2}\boldsymbol{\alpha}_1 + \boldsymbol{\alpha}_2$ 可知 $\boldsymbol{\alpha}$ 在基 $\boldsymbol{\alpha}_1$、$\boldsymbol{\alpha}_2$ 下的坐标为

$$\begin{bmatrix} x_1 \\ x_2 \end{bmatrix} = \begin{pmatrix} -\frac{1}{2} \\ 1 \end{pmatrix}$$

由坐标变换公式可知，$\boldsymbol{\alpha}$ 在基 $\boldsymbol{\beta}_1$、$\boldsymbol{\beta}_2$ 下的坐标为

$$\begin{bmatrix} y_1 \\ y_2 \end{bmatrix} = \begin{pmatrix} 1 & 1 \\ 1 & -\frac{1}{2} \end{pmatrix}^{-1} \begin{pmatrix} -\frac{1}{2} \\ 1 \end{pmatrix} = \begin{pmatrix} \frac{1}{2} \\ -1 \end{pmatrix}$$

即

$$\boldsymbol{\alpha} = \frac{1}{2}\boldsymbol{\beta}_1 - \boldsymbol{\beta}_2 \text{（如图 4－1 所示）}$$

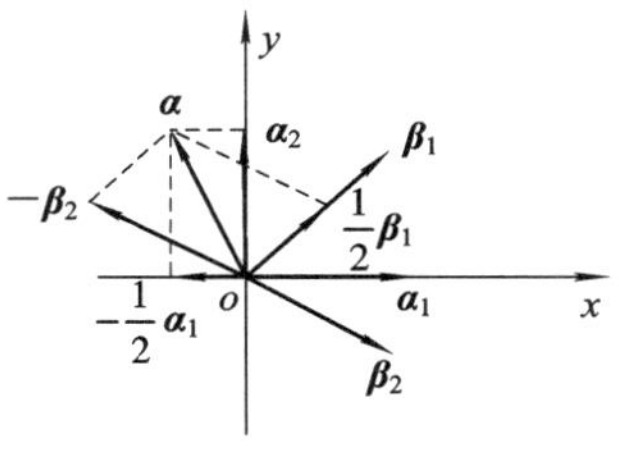

图 4－1 向量 $\boldsymbol{\alpha}$ 在基 $\boldsymbol{\beta}_1$、$\boldsymbol{\beta}_2$ 下表示的几何意义

请读者思考：$\boldsymbol{\alpha}_1$、$\boldsymbol{\alpha}_2$ 作为 $\mathbf{R}^2$ 的一个基，有什么特点？它比一般基表示空间中的向量是否要方便得多？

为研究两向量的夹角以及向量的长度等概念，现引入向量的内积的概念.

设 n 维向量

$$\boldsymbol{\alpha}=\begin{pmatrix}a_1\\a_2\\\vdots\\a_n\end{pmatrix},\ \boldsymbol{\beta}=\begin{pmatrix}b_1\\b_2\\\vdots\\b_n\end{pmatrix}$$

令$(\boldsymbol{\alpha},\boldsymbol{\beta})=a_1b_1+a_2b_2+\cdots+a_nb_n$. 称$(\boldsymbol{\alpha},\boldsymbol{\beta})$为向量$\boldsymbol{\alpha}$与$\boldsymbol{\beta}$的内积.

若将列向量看做特殊的矩阵，则$(\boldsymbol{\alpha},\boldsymbol{\beta})\triangleq\boldsymbol{\alpha}^{\mathrm{T}}\boldsymbol{\beta}$.

可见，内积是一数值，于是有向量$\boldsymbol{\alpha}$的长度$\|\boldsymbol{\alpha}\|$可用内积定义如下：

$$\|\boldsymbol{\alpha}\|=\sqrt{(\boldsymbol{\alpha},\boldsymbol{\alpha})}=\sqrt{a_1^2+a_2^2+\cdots+a_n^2}$$

$\|\boldsymbol{\alpha}\|=1$，称$\boldsymbol{\alpha}$为单位向量.

若$\boldsymbol{\alpha}\neq\mathbf{0}$，则$\dfrac{1}{\|\boldsymbol{\alpha}\|}\boldsymbol{\alpha}$为单位向量.

当$\|\boldsymbol{\alpha}\|\neq0$，$\|\boldsymbol{\beta}\|\neq0$时，则$\theta=\arccos\dfrac{(\boldsymbol{\alpha},\boldsymbol{\beta})}{\|\boldsymbol{\alpha}\|\cdot\|\boldsymbol{\beta}\|}$为$\boldsymbol{\alpha}$与$\boldsymbol{\beta}$的夹角.

当$(\boldsymbol{\alpha},\boldsymbol{\beta})=0$时，称向量$\boldsymbol{\alpha}$与$\boldsymbol{\beta}$正交，即$\boldsymbol{\alpha}$与$\boldsymbol{\beta}$的夹角$\theta=90°$.

特别地，当$\boldsymbol{\alpha}=\mathbf{0}$时，则$\boldsymbol{\alpha}$与任何向量都正交.

上例中，$\boldsymbol{\alpha}_1$、$\boldsymbol{\alpha}_2$为正交向量.

若一非零向量组中的向量两两正交，则称该向量组为正交向量组. 正交向量组有以下性质.

性质 若n维向量$\boldsymbol{\alpha}_1,\boldsymbol{\alpha}_2,\cdots,\boldsymbol{\alpha}_r$是一组两两正交的非零向量，则$\boldsymbol{\alpha}_1,\boldsymbol{\alpha}_2,\cdots,\boldsymbol{\alpha}_r$线性无关.

证明 设有$\lambda_1,\lambda_2,\cdots,\lambda_r$使

$$\lambda_1\boldsymbol{\alpha}_1+\lambda_2\boldsymbol{\alpha}_2+\cdots+\lambda_r\boldsymbol{\alpha}_r=\mathbf{0}$$

以$\boldsymbol{\alpha}_1^{\mathrm{T}}$左乘上式两端，得

$$\lambda_1\boldsymbol{\alpha}_1^{\mathrm{T}}\boldsymbol{\alpha}_1=0$$

由$\boldsymbol{\alpha}_1\neq\mathbf{0}$可知$\boldsymbol{\alpha}_1^{\mathrm{T}}\boldsymbol{\alpha}_1=\|\boldsymbol{\alpha}_1\|^2\neq0$，从而有

$$\lambda_1=0$$

同理，可得

$$\lambda_2=\lambda_3=\cdots=\lambda_r=0$$

故$\boldsymbol{\alpha}_1,\boldsymbol{\alpha}_2,\cdots,\boldsymbol{\alpha}_r$线性无关.

例8中$\boldsymbol{\alpha}_1$、$\boldsymbol{\alpha}_2$在$\mathbf{R}^2$中为正交向量组，显然线性无关，反之不成立. 上例中，$\boldsymbol{\beta}_1$、$\boldsymbol{\beta}_2$线性无关，但$\boldsymbol{\beta}_1$、$\boldsymbol{\beta}_2$不正交，于是在空间$\mathbf{R}^2$中，$\boldsymbol{\alpha}_1$、$\boldsymbol{\alpha}_2$可称为一个正交基.

若$\boldsymbol{\alpha}_1,\boldsymbol{\alpha}_2,\cdots,\boldsymbol{\alpha}_r$是向量空间$\mathbf{V}$的一个基，且$\boldsymbol{\alpha}_1,\boldsymbol{\alpha}_2,\cdots,\boldsymbol{\alpha}_r$是两两正交的非零向量组，则称$\boldsymbol{\alpha}_1,\boldsymbol{\alpha}_2,\cdots,\boldsymbol{\alpha}_r$是$\mathbf{V}$的正交基.

进一步考虑上例中，$\boldsymbol{\alpha}_1$、$\boldsymbol{\alpha}_2$除了是正交基之外，还满足$\|\boldsymbol{\alpha}_1\|=\|\boldsymbol{\alpha}_2\|=1$，那么，在有限维空间中这样的一个基称为标准正交基，即设n维向量$\boldsymbol{\alpha}_1,\boldsymbol{\alpha}_2,\cdots,\boldsymbol{\alpha}_r$是向量空间$\mathbf{V}$($\mathbf{V}\subset\mathbf{R}^n$)的一个基，如果$\boldsymbol{\alpha}_1,\boldsymbol{\alpha}_2,\cdots,\boldsymbol{\alpha}_r$两两正交且都是单位向量，则称$\boldsymbol{\alpha}_1,\boldsymbol{\alpha}_2,\cdots,\boldsymbol{\alpha}_r$是$\mathbf{V}$的一个标准正交基. 换言之，即

$$\boldsymbol{\alpha}_1,\boldsymbol{\alpha}_2,\cdots,\boldsymbol{\alpha}_r\text{ 为 }\mathbf{V}\text{ 的标准正交基}\Leftrightarrow\begin{cases}(\boldsymbol{\alpha}_i,\boldsymbol{\alpha}_j)=0,\ i\neq j\\(\boldsymbol{\alpha}_i,\boldsymbol{\alpha}_i)=1,\ i=1,2,\cdots,r\end{cases}$$

由前面的讨论可知，线性空间中基是不唯一的，那么标准正交基唯一吗？

在 $\mathbf{R}^4$ 空间，

$$\boldsymbol{\varepsilon}_1=\begin{pmatrix}1\\0\\0\\0\end{pmatrix},\quad \boldsymbol{\varepsilon}_2=\begin{pmatrix}0\\1\\0\\0\end{pmatrix},\quad \boldsymbol{\varepsilon}_3=\begin{pmatrix}0\\0\\1\\0\end{pmatrix},\quad \boldsymbol{\varepsilon}_4=\begin{pmatrix}0\\0\\0\\1\end{pmatrix}$$

是一组标准正交基，而

$$\boldsymbol{e}_1=\begin{bmatrix}\frac{1}{\sqrt{2}}\\\frac{1}{\sqrt{2}}\\0\\0\end{bmatrix},\quad \boldsymbol{e}_2=\begin{bmatrix}\frac{1}{\sqrt{2}}\\-\frac{1}{\sqrt{2}}\\0\\0\end{bmatrix},\quad \boldsymbol{e}_3=\begin{bmatrix}0\\0\\\frac{1}{\sqrt{2}}\\\frac{1}{\sqrt{2}}\end{bmatrix},\quad \boldsymbol{e}_4=\begin{bmatrix}0\\0\\\frac{1}{\sqrt{2}}\\-\frac{1}{\sqrt{2}}\end{bmatrix}$$

$\boldsymbol{e}_1$、$\boldsymbol{e}_2$、$\boldsymbol{e}_3$、$\boldsymbol{e}_4$ 线性无关，且

$$\begin{cases}(\boldsymbol{e}_i,\ \boldsymbol{e}_j)=0,\ i\neq j\ 且\ i,\ j=1,\ 2,\ 3,\ 4\\(\boldsymbol{e}_i,\ \boldsymbol{e}_i)=1,\ i=1,\ 2,\ 3,\ 4\end{cases}$$

故 $\boldsymbol{e}_1$，$\boldsymbol{e}_2$，$\boldsymbol{e}_3$，$\boldsymbol{e}_4$ 也是 $\mathbf{R}^4$ 的一个标准正交基.

从而可知线性空间中标准正交基也不唯一.

那么，给定线性空间 $\mathbf{V}$ 的任意一个基，如何能得到一个标准正交基，标准正交基又有何好处？

为回答第一个问题，下面介绍施密特(Schmidt)正交化过程.

已知 $\boldsymbol{\alpha}_1$，$\boldsymbol{\alpha}_2$，…，$\boldsymbol{\alpha}_r$ 是线性空间 V 的一个基，求一个标准正交基.

第一步：正交化

取 $\boldsymbol{\beta}_1=\boldsymbol{\alpha}_1$

$$\boldsymbol{\beta}_2=\boldsymbol{\alpha}_2-\frac{(\boldsymbol{\beta}_1,\ \boldsymbol{\alpha}_2)}{(\boldsymbol{\beta}_1,\ \boldsymbol{\beta}_1)}\boldsymbol{\beta}_1$$

$$\boldsymbol{\beta}_3=\boldsymbol{\alpha}_3-\frac{(\boldsymbol{\beta}_1,\ \boldsymbol{\alpha}_3)}{(\boldsymbol{\beta}_1,\ \boldsymbol{\beta}_2)}\boldsymbol{\beta}_1-\frac{(\boldsymbol{\beta}_2,\ \boldsymbol{\alpha}_3)}{(\boldsymbol{\beta}_2,\ \boldsymbol{\beta}_2)}\boldsymbol{\beta}_2$$

$$\vdots$$

$$\boldsymbol{\beta}_r=\boldsymbol{\alpha}_r-\frac{(\boldsymbol{\beta}_1,\ \boldsymbol{\alpha}_r)}{(\boldsymbol{\beta}_1,\ \boldsymbol{\beta}_1)}\boldsymbol{\beta}_1-\frac{(\boldsymbol{\beta}_2,\ \boldsymbol{\alpha}_r)}{(\boldsymbol{\beta}_2,\ \boldsymbol{\beta}_2)}\boldsymbol{\beta}_2-\cdots-\frac{(\boldsymbol{\beta}_{r-1},\ \boldsymbol{\alpha}_r)}{(\boldsymbol{\beta}_{r-1},\ \boldsymbol{\beta}_{r-1})}\boldsymbol{\beta}_{r-1}$$

那么 $\boldsymbol{\beta}_1$，$\boldsymbol{\beta}_2$，…，$\boldsymbol{\beta}_r$ 两两相交，且 $\boldsymbol{\beta}_1$，$\boldsymbol{\beta}_2$，…，$\boldsymbol{\beta}_r$ 与 $\boldsymbol{\alpha}_1$，$\boldsymbol{\alpha}_2$，…，$\boldsymbol{\alpha}_r$ 等价.

第二步：单位化

$$\boldsymbol{e}_1=\frac{\boldsymbol{\beta}_1}{\|\boldsymbol{\beta}_1\|},\ \boldsymbol{e}_2=\frac{\boldsymbol{\beta}_2}{\|\boldsymbol{\beta}_2\|},\ \cdots,\ \boldsymbol{e}_r=\frac{\boldsymbol{\beta}_r}{\|\boldsymbol{\beta}_r\|}$$

则 $\boldsymbol{e}_1$，$\boldsymbol{e}_2$，…，$\boldsymbol{e}_r$ 为 V 的一个标准正交基.

上述由线性无关向量组 $\boldsymbol{\alpha}_1$，$\boldsymbol{\alpha}_2$，…，$\boldsymbol{\alpha}_r$ 构造出正交向量组 $\boldsymbol{\beta}_1$，$\boldsymbol{\beta}_2$，…，$\boldsymbol{\beta}_r$ 的过程，称为施密特正交化过程.

例 8 中，$\boldsymbol{\beta}_1$、$\boldsymbol{\beta}_2$ 可利用施密特正交化找到一个标准正交基.

$$\boldsymbol{\gamma}_1=\boldsymbol{\beta}_1=\begin{bmatrix}1\\1\end{bmatrix}$$

$$\boldsymbol{\gamma}_2=\boldsymbol{\beta}_2-\frac{(\boldsymbol{\gamma}_1,\boldsymbol{\beta}_2)}{(\boldsymbol{\gamma}_1,\boldsymbol{\gamma}_1)}\boldsymbol{\gamma}_1=\begin{pmatrix}\frac{3}{4}\\-\frac{3}{4}\end{pmatrix}$$

$$\boldsymbol{e}_1=\frac{\boldsymbol{\gamma}_1}{\|\boldsymbol{\gamma}_1\|}=\frac{1}{\sqrt{2}}\begin{bmatrix}1\\1\end{bmatrix}=\begin{pmatrix}\frac{1}{\sqrt{2}}\\\frac{1}{\sqrt{2}}\end{pmatrix}$$

$$\boldsymbol{e}_2=\frac{\boldsymbol{\gamma}_2}{\|\boldsymbol{\gamma}_2\|}=\begin{pmatrix}\frac{1}{\sqrt{2}}\\-\frac{1}{\sqrt{2}}\end{pmatrix}$$

为回答第二个问题，大家仔细想一想，内积是一个数值，若基为非正交的，则计算起来不方便，且数值上不稳定，会随着计算过程逐步累积误差，最终会导致误差过大或计算结果不可用，而正交基则不会产生这类问题．另外，正交矩阵的方便之处在于更能体现出正交基的作用．下面介绍正交矩阵的概念．

定义　若 n 阶方阵 $\boldsymbol{A}$ 满足 $\boldsymbol{A}^{\mathrm{T}}\boldsymbol{A}=\boldsymbol{E}$(即 $\boldsymbol{A}^{-1}=\boldsymbol{A}^{\mathrm{T}}$)，则 $\boldsymbol{A}$ 称为正交矩阵．

关于正交矩阵有下面的定理．

定理 4　$\boldsymbol{A}$ 为正交矩阵的充要条件是 $\boldsymbol{A}$ 的列向量都是单位向量且两两正交，

下一章讲到矩阵的相似对角化时，正交矩阵就能突显出它的优势．

第 5 章　矩阵的标准形及可逆矩阵的等价条件

线性代数中关于矩阵的标准形共有三种类型，分别是等价标准形、相似标准形和合同标准形，在不同的章节中对矩阵的讨论不同，但它们有一个不变量，秩不变.

5.1　矩阵的等价标准形

在第 2 章，关于矩阵的初等变换，已介绍矩阵的等价标准形，即矩阵 $\boldsymbol{A}$ 经过一系列初等变换化为 $\boldsymbol{B}$，则称 $\boldsymbol{A}$ 与 $\boldsymbol{B}$ 等价. 若 $R(\boldsymbol{A})=r$，则经过一系列初等变换化为 $\begin{bmatrix} \boldsymbol{E}_r & \boldsymbol{0} \\ \boldsymbol{0} & \boldsymbol{0} \end{bmatrix}$的形式，称其为等价标准形，且唯一. 并且有结论：等价的矩阵有相同的秩.

对于 $m\times n$ 矩阵 $\boldsymbol{A}$，$R(\boldsymbol{A})=r$，则矩阵 $\boldsymbol{A}$ 的等价标准形，存在可逆矩阵 $\boldsymbol{P}$ 及 $\boldsymbol{Q}$ 使

$$\boldsymbol{PAQ}=\begin{bmatrix} \boldsymbol{E}_r & \boldsymbol{0} \\ \boldsymbol{0} & \boldsymbol{0} \end{bmatrix}$$

其中标准形中非负整数 r 由原矩阵唯一确定. 矩阵的等价标准形可通过初等变换法求得，在此不详细叙述.

5.2　矩阵的相似标准形

设 $\boldsymbol{A}$、$\boldsymbol{B}$ 为 n 阶方阵，若存在可逆矩阵 $\boldsymbol{P}$，使得 $\boldsymbol{B}=\boldsymbol{P}^{-1}\boldsymbol{AP}$，则称矩阵 $\boldsymbol{A}$ 与 $\boldsymbol{B}$ 相似，记为 $\boldsymbol{A}\sim\boldsymbol{B}$，同时矩阵 $\boldsymbol{P}$ 称为相似变换矩阵. 显然，矩阵 $\boldsymbol{A}$ 与 $\boldsymbol{B}$ 相似，可得

$$R(\boldsymbol{A})=R(\boldsymbol{B})\quad（秩相等）$$

$$tr(\boldsymbol{A})=tr(\boldsymbol{B})\quad（迹相等）$$

$$|\boldsymbol{A}|=|\boldsymbol{B}|\quad（行列式相等）$$

$$|\lambda\boldsymbol{E}-\boldsymbol{A}|=|\lambda\boldsymbol{E}-\boldsymbol{B}|\quad（特征多项式相等，从而特征值也相等）$$

然而同阶方阵的特征值完全相同是它们相似的充分非必要条件，两矩阵相似的充要条件是什么呢？简单而言可以用定义判断，是否可以找到一个可逆阵 $\boldsymbol{P}$，使 $\boldsymbol{P}^{-1}\boldsymbol{BP}=\boldsymbol{A}$，否则 $\boldsymbol{A}$ 与 $\boldsymbol{B}$ 不相似，另外，结合《高等代数》(已超过线性代数的范围)的知识还可得到：$\boldsymbol{A}$ 与 $\boldsymbol{B}$ 相似的充要条件是 $\lambda\boldsymbol{E}-\boldsymbol{A}$ 与 $\lambda\boldsymbol{E}-\boldsymbol{B}$ 等价，见参考文献[6].

在线性代数中如何求一个实对称阵的相似标准形，理论上有结论：实数域上任一 n 阶对称矩阵 $\boldsymbol{A}$ 都可由正交变换化为标准形，即存在正交矩阵 $\boldsymbol{P}$(正交矩阵必可逆)，使

$$\boldsymbol{P}^{-1}\boldsymbol{A}\boldsymbol{P}=\boldsymbol{P}^{\mathrm{T}}\boldsymbol{A}\boldsymbol{P}=\begin{bmatrix}\lambda_1 & & & \\ & \lambda_2 & & \\ & & \ddots & \\ & & & \lambda_n\end{bmatrix}$$，其中 $\lambda_1, \lambda_2, \cdots, \lambda_n$ 为 $\boldsymbol{A}$ 的特征值

由 $\boldsymbol{P}^{-1}\boldsymbol{A}\boldsymbol{P}=\begin{bmatrix}\lambda_1 & & & \\ & \lambda_2 & & \\ & & \ddots & \\ & & & \lambda_n\end{bmatrix}$ 可知

$$\boldsymbol{A}\boldsymbol{P}=\boldsymbol{P}\begin{bmatrix}\lambda_1 & & & \\ & \lambda_2 & & \\ & & \ddots & \\ & & & \lambda_n\end{bmatrix}$$

将 $\boldsymbol{P}$ 按列分块，记 $\boldsymbol{P}=[\boldsymbol{p}_1, \boldsymbol{p}_2, \cdots, \boldsymbol{p}_n]$，则有

$$\boldsymbol{A}[\boldsymbol{p}_1, \boldsymbol{p}_2, \cdots, \boldsymbol{p}_n]=[\boldsymbol{p}_1, \boldsymbol{p}_2, \cdots, \boldsymbol{p}_n]\begin{bmatrix}\lambda_1 & & & \\ & \lambda_2 & & \\ & & \ddots & \\ & & & \lambda_n\end{bmatrix}$$

即

$$\boldsymbol{A}\boldsymbol{p}_i=\lambda_i\boldsymbol{p}_i(i=1, 2, \cdots, n)$$

从而可知，可逆矩阵 $\boldsymbol{P}$ 的第 i 列是实对称阵 $\boldsymbol{A}$ 的特征值 λ_i 所对应的特征向量. 于是在实际操作中，我们可以通过先求矩阵 $\boldsymbol{A}$ 的全部特征值，再求特征值所对应的特征向量，由于实对称阵的 k 重特征值必有 k 个线性无关的特征向量与之对应，而且不同特征值所对应的特征向量必正交，从而只需将同一个特征值所求出的特征向量标准正交化. 因此对于实对称阵 $\boldsymbol{A}$，必存在正交矩阵 $\boldsymbol{P}$，使得

$$\boldsymbol{P}^{-1}\boldsymbol{A}\boldsymbol{P}=\boldsymbol{P}^{\mathrm{T}}\boldsymbol{A}\boldsymbol{P}=\begin{bmatrix}\lambda_1 & & & \\ & \lambda_2 & & \\ & & \ddots & \\ & & & \lambda_n\end{bmatrix}$$

其中 $\lambda_1, \lambda_2, \cdots, \lambda_n$ 为 $\boldsymbol{A}$ 的特征值，$\boldsymbol{P}$ 的各列分别是对应各特征值所属的特征向量.

有读者自然要问，实对称阵必存在相似标准形，那么一般 n 阶方阵是否也有此结论呢？

为解决此问题，我们先给大家介绍几何重数和代数重数的概念.

在矩阵运算中，求解特征多项式的根，即特征值，会有重根现象，例如 λ_1 是 $|\lambda\boldsymbol{E}-\boldsymbol{A}|=0$ 的 k 重根，则 k 称为 λ_1 代数重数. 进而欲求 λ_1 所对应的特征向量，则转化为求解 $(\lambda_1\boldsymbol{E}-\boldsymbol{A})\boldsymbol{X}=\boldsymbol{0}$ 的基础解系，即齐次线性方程组 $(\lambda_1\boldsymbol{E}-\boldsymbol{A})\boldsymbol{X}=\boldsymbol{0}$ 的解空间的一组基，而解空间的维数称为 λ_1 的几何重数.

实际上，代数重数是从方程的根去定义的，几何重数是从空间的维数去定义的，形象简单.

关于几何重数和代数重数恒有结论：几何重数$\leqslant$代数重数.

从而，对于一般的 n 阶方阵，判断其是否可以相似对角化，只需要判断每个特征值的几何重数是否等于代数重数，若相等，则一定可以对角化，若几何重数<代数重数，则不可对角化，但会存在其若当标准形，有兴趣的读者可参阅参考文献[5-6，8].

5.3 矩阵的合同标准形

对于同阶方阵 $\boldsymbol{A}$ 与 $\boldsymbol{B}$，如果存在可逆阵 $\boldsymbol{C}$，使 $\boldsymbol{B}=\boldsymbol{C}^{\mathrm{T}}\boldsymbol{A}\boldsymbol{C}$，则称 $\boldsymbol{A}$ 与 $\boldsymbol{B}$ 合同.

显然，矩阵的等价、相似与合同是描述矩阵与矩阵之间的关系的，且满足自反性、对称性和传递性，即都是等价关系，从而可以对矩阵进行分类，详见文献[9].

虽然合同的定义是针对一般 n 阶方阵定义的，但在实际应用中是用来研究二次型的主轴问题的，因此重点以实对称矩阵为研究对象. 由本章第 2 部分的讨论可知，实对称矩阵 A 必存在正交阵 $\boldsymbol{P}$，使得 $\boldsymbol{P}^{-1}\boldsymbol{A}\boldsymbol{P}=\boldsymbol{\Lambda}$，其中 $\boldsymbol{\Lambda}=\begin{bmatrix}\lambda_1 & & & \\ & \lambda_2 & & \\ & & \ddots & \\ & & & \lambda_n\end{bmatrix}$，$\lambda_1$，$\lambda_2$，…，$\lambda_n$ 为 $\boldsymbol{A}$ 的全部特征值，而正交阵必可逆，且 $\boldsymbol{P}^{-1}=\boldsymbol{P}^{\mathrm{T}}$，故实对称阵必有相似标准形，也必有合同标准形(能合同于对角阵的形式称为合同标准形)，但其逆命题不成立，即合同的矩阵不一定相似，如

$\boldsymbol{A}=\begin{bmatrix}1 & 0\\ 0 & 2\end{bmatrix}$，$\boldsymbol{B}=\begin{bmatrix}1 & 0\\ 0 & 1\end{bmatrix}$，均是二阶实对称阵，且取 $\boldsymbol{C}=\begin{bmatrix}1 & 0\\ 0 & \dfrac{1}{\sqrt{2}}\end{bmatrix}$，则有 $\boldsymbol{C}^{\mathrm{T}}\boldsymbol{A}\boldsymbol{C}=\boldsymbol{B}$，即 $\boldsymbol{A}$ 与 $\boldsymbol{B}$ 合同. 但对于任意可逆阵 $\boldsymbol{P}$，则有 $\boldsymbol{P}^{-1}\boldsymbol{B}\boldsymbol{P}=\boldsymbol{B}\neq\boldsymbol{A}$，故 $\boldsymbol{A}$ 与 $\boldsymbol{B}$ 不相似.

合同与二次型有着密切关系，欲将二次型化为标准形，等价于求二次型对应的矩阵的合同标准形，其分析如下.

设 n 元实二次型 $f(x_1, x_2, \cdots, x_n)=\boldsymbol{X}^{\mathrm{T}}\boldsymbol{A}\boldsymbol{X}$.

对于实对称阵 $\boldsymbol{A}$，必存在正交矩阵 $\boldsymbol{Q}$，使

$$\boldsymbol{Q}^{\mathrm{T}}\boldsymbol{A}\boldsymbol{Q}=\boldsymbol{Q}^{-1}\boldsymbol{A}\boldsymbol{Q}=\mathrm{diag}\{\lambda_1, \lambda_2, \cdots, \lambda_n\}$$

若令 $\boldsymbol{X}=\boldsymbol{Q}\boldsymbol{Y}$，则实二次型

$$\begin{aligned} f(\boldsymbol{X}) &= \boldsymbol{X}^{\mathrm{T}}\boldsymbol{A}\boldsymbol{X} \xlongequal{\boldsymbol{X}=\boldsymbol{Q}\boldsymbol{Y}} (\boldsymbol{Q}\boldsymbol{Y})^{\mathrm{T}}\boldsymbol{A}(\boldsymbol{Q}\boldsymbol{Y}) = \boldsymbol{Y}^{\mathrm{T}}(\boldsymbol{Q}^{\mathrm{T}}\boldsymbol{A}\boldsymbol{Q})\boldsymbol{Y} \\ &= \boldsymbol{Y}^{\mathrm{T}}\begin{bmatrix}\lambda_1 & & & \\ & \lambda_2 & & \\ & & \ddots & \\ & & & \lambda_n\end{bmatrix}\boldsymbol{Y} \end{aligned}$$

即将二次型化为标准形(只含平方项的形式).

读者自然会问，不同的正交变换 $\boldsymbol{X}=\boldsymbol{Q}\boldsymbol{Y}$，会得到不同的标准形，即二次型的标准形不唯一，但是，同一个二次型化为标准形后，标准形中正、负平方项的个数却是唯一的，形如

$$f(x_1, x_2, \cdots, x_n)=x_1^2+x_2^2+\cdots+x_p^2-x_{p+1}^2-\cdots-x_r^2 (r\leqslant n)$$

的形式，称之为二次型的规范形.

定理 1(惯定定理)：二次型经过可逆的线性变换可将其化为规范形，且规范形唯一.

在上述标准形的基础上，再进一步作一次可逆线性变换，即可得到规范形，其中 r 为二次型的秩(二次型所对应的矩阵的秩也称为二次型的秩)，p 为二次型的正惯性指数，$r-p$ 为二次型的负惯性指数，差 $p-(r-p)=2p-r$ 为二次型的符号差.

显然可知：

(1) 任何实对称矩阵必合同于如下形式的对角矩阵

$$\begin{bmatrix} \boldsymbol{E}_p & & \\ & -\boldsymbol{E}_q & \\ & & \boldsymbol{0} \end{bmatrix}$$

其中，p 为正惯性指数，$q=r-p$ 为负惯性指数.

(2) 两个实对称矩阵合同的充要条件是它们有相同的秩和正惯性指数.

矩阵的合同标准形可通过正交变换法、配方法以及初等变换法求得. 详细过程可参见参考文献[5].

接下来，受二次型规范形中正、负惯性指数的唯一性的启发，可对实二次型进行分类：正定、负定和不定二次型.

设 $f(x_1, x_2, \cdots, x_n)=\boldsymbol{X}^{\mathrm{T}}\boldsymbol{AX}$ 是一实二次型，若对任何非零向量 $(c_1, c_2, \cdots, c_n)^{\mathrm{T}}$，恒有 $f(c_1, c_2, \cdots, c_n)>0(<0)$，则称 $f(x_1, x_2, \cdots, x_n)$ 是正定(负定)二次型，且其对应的矩阵 $\boldsymbol{A}$ 称为正定(负定)矩阵.

若恒有 $f(c_1, c_2, \cdots, c_n)\geqslant 0(\leqslant 0)$，则称二次型为半正(负)定，对应的矩阵 $\boldsymbol{A}$ 称为半正(负)定矩阵.

若 $f(c_1, c_2, \cdots, c_n)$ 有大于零，也有小于零，则称二次型为不定二次型，$\boldsymbol{A}$ 为不定矩阵.

以下介绍如何判断二次型的正(负)定性.

方法一：用定义(不可行).

方法二：用标准形.

① 实二次型 $f(x_1, x_2, \cdots, x_n)=d_1x_1^2+d_2x_2^2+\cdots+d_nx_n^2$ 正定的充要条件是 $d_i>0(i=1, 2, \cdots, n)$.

② 实二次型 $f(x_1, x_2, \cdots, x_n)=\boldsymbol{X}^{\mathrm{T}}\boldsymbol{AX}$ 正定的充要条件是 f 的标准形中 n 个系数全为正数.

从而有

③ 二次型 $f(x_1, x_2, \cdots, x_n)=\boldsymbol{X}^{\mathrm{T}}\boldsymbol{AX}$ 正定的充要条件是 $\boldsymbol{A}$ 的全部特征值都为正数.

④ 若 $\boldsymbol{A}$ 正定，则 $|\boldsymbol{A}|>0$.

⑤ 若 $\boldsymbol{A}$ 正定，则 $\boldsymbol{A}$ 与单位阵 $\boldsymbol{E}$ 合同，即存在可逆阵 $\boldsymbol{C}$，使得 $\boldsymbol{C}^{\mathrm{T}}\boldsymbol{AC}=\boldsymbol{E}$.

方法三：用特征值.

例 1 设 $\boldsymbol{A}$ 为正定阵，证明：$\boldsymbol{A}^{-1}$、$\boldsymbol{A}^*$ 都是正定阵.

证明：$\boldsymbol{A}$ 为正定阵$\Rightarrow\boldsymbol{A}$ 的特征值全大于零.

所以 $\boldsymbol{A}^{-1}$、$\boldsymbol{A}^*$ 的特征值也全大于零.

故 $\boldsymbol{A}^{-1}$、$\boldsymbol{A}^*$ 都是正定阵.

方法四：用顺序主子式

顺序主子式是指位于矩阵 $\boldsymbol{A}$ 的最左上角 1，2，…，n 阶子式，称为矩阵 $\boldsymbol{A}$ 的 1，2，…，n 阶顺序主子式，用 Δ_i 表示第 i 阶顺序主子式，$i=1$，2，…，n.

定理 2 二次型 $f(x_1, x_2, \cdots, x_n)=\boldsymbol{X}^{\mathrm{T}}\boldsymbol{A}\boldsymbol{X}$ 正定的充要条件是 $\boldsymbol{A}$ 的各阶顺序主子式都大于零，即 $\Delta_i>0$.

综上，可得：

若 $\boldsymbol{A}$ 是 n 阶实对称矩阵，则下列命题等价.

(1) $\boldsymbol{X}^{\mathrm{T}}\boldsymbol{A}\boldsymbol{X}$ 为正定二次型；

(2) $\boldsymbol{A}$ 为正定矩阵；

(3) $\boldsymbol{A}$ 的正惯性指数为 n；

(4) 存在可逆阵 $\boldsymbol{P}$，使 $\boldsymbol{A}=\boldsymbol{P}^{\mathrm{T}}\boldsymbol{P}$(即 $\boldsymbol{A}$ 与 $\boldsymbol{E}$ 合同)；

(5) $\boldsymbol{A}$ 的特征值全大于零；

(6) $\boldsymbol{A}$ 的各阶顺序主子式全大于零.

同理可得负定二次型、半正定二次型、半负定二次型的等价命题.

下面介绍负定二次型的等价判定条件.

对于 n 元实二次型 $f(x_1, x_2, \cdots, x_n)=\boldsymbol{X}^{\mathrm{T}}\boldsymbol{A}\boldsymbol{X}$，其中 $\boldsymbol{A}$ 为实对称阵，则下列命题等价.

(1) $\boldsymbol{X}^{\mathrm{T}}\boldsymbol{A}\boldsymbol{X}$ 是负定的；

(2) 它的负惯性指数等于 n；

(3) $\boldsymbol{A}$ 与矩阵$(-\boldsymbol{E}_n)$合同；

(4) 存在可逆阵 $\boldsymbol{P}$，使 $\boldsymbol{A}+\boldsymbol{P}^{\mathrm{T}}\boldsymbol{P}=\boldsymbol{0}$；

(5) $\boldsymbol{A}$ 的奇数阶顺序主子式全小于零；偶数阶顺序主子式全大于零；

(6) $\boldsymbol{A}$ 的特征值全小于零.

由于 $f(x_1, x_2, \cdots, x_n)$负定$\Leftrightarrow -f(x_1, x_2, \cdots, x_n)$正定，故关于负定的证明可由正定二次型的等价条件直接得出.

半正定二次型的等价判定如下所述.

对于实二次型 $f(x_1, x_2, \cdots, x_n)=\boldsymbol{X}^{\mathrm{T}}\boldsymbol{A}\boldsymbol{X}$，其中 $\boldsymbol{A}$ 为实对称阵，$R(\boldsymbol{A})=r$，则下列命题等价.

(1) $f(x_1, x_2, \cdots, x_n)$是半正定的；

(2) $f(x_1, x_2, \cdots, x_n)$的正惯性指数与秩相等；

(3) 存在可逆阵 $\boldsymbol{P}$，使 $\boldsymbol{P}^{\mathrm{T}}\boldsymbol{A}\boldsymbol{P}=\begin{bmatrix} d_1 & & & \\ & d_2 & & \\ & & \ddots & \\ & & & d_n \end{bmatrix}$，其中 $d_i\geqslant 0$，$i=1$，2，…，n；

(4) 存在满秩的实 $r\times n$ 矩阵 $\boldsymbol{B}$，使 $\boldsymbol{A}=\boldsymbol{B}^{\mathrm{T}}\boldsymbol{B}$；

(5) $\boldsymbol{A}$ 的所有主子式皆大于或等于零；

(6) $\boldsymbol{A}$ 的所有特征值均大于或等于零.

注意： 主子式是指在 n 阶行列式中，选取行号(如 1、3、8 行)再选取相同的列号(1、3、8 列)则行、列交汇处的 i^2 个(9 个)元素所组成的新的行列式就称为“n 阶行列式的一个 i 阶主子式”.

半负定二次型的等价判定如下所述.

对于 n 元实二次型 $f(x_1, x_2, \cdots, x_n)=\boldsymbol{X}^{\mathrm{T}}\boldsymbol{AX}$，其中 $\boldsymbol{A}$ 为实对称的，则下列命题等价：

(1) $f(x_1, x_2, \cdots, x_n)$是半负定的；

(2) 它的负惯性指数与秩相等或正惯性指数等于零；

(3) 存在可逆阵 $\boldsymbol{P}$，使 $\boldsymbol{P}^{\mathrm{T}}\boldsymbol{AP}=\begin{bmatrix} d_1 & & & & & \\ & \ddots & & & & \\ & & d_r & & & \\ & & & 0 & & \\ & & & & \ddots & \\ & & & & & 0 \end{bmatrix}$，其中 $d_i<0$，$i=1, 2, \cdots, r$，$R(\boldsymbol{A})=r$；

(4) 存在实方阵 $\boldsymbol{P}$，使 $\boldsymbol{A}+\boldsymbol{P}^{\mathrm{T}}\boldsymbol{P}=\boldsymbol{0}$；

(5) $\boldsymbol{A}$ 的所有奇数阶主子式全小于或等于零，偶数阶主子式全大于或等于零；

(6) $\boldsymbol{A}$ 的特征值全小于或等于零.

5.4 可逆矩阵的等价条件

可逆矩阵的概念及应用是线性代数中的一个重要内容，根据前面讨论的各部分的内容，下面给出可逆矩阵的若干等价条件，这也对读者理解掌握线性代数各章的内容起了非常重要的作用.

线性代数教材中提及的可逆矩阵均指方阵，对于非方阵，是否存在所谓的可逆矩阵，这属于广义逆范畴，在此不作讨论.

设 $\boldsymbol{A}$ 为 n 阶方阵，$\boldsymbol{A}=\begin{bmatrix} a_{11} & a_{12} & \cdots & a_{1n} \\ a_{21} & a_{22} & \cdots & a_{2n} \\ \vdots & \vdots & & \vdots \\ a_{n1} & a_{n2} & \cdots & a_{nn} \end{bmatrix}$，将 $\boldsymbol{A}$ 分别按行、按列分块，可得 $\boldsymbol{A}$ 的行向量组和列向量组，记为 $\boldsymbol{A}=[\boldsymbol{\alpha}_1, \boldsymbol{\alpha}_2, \cdots, \boldsymbol{\alpha}_n]$或者 $\boldsymbol{A}=[\boldsymbol{\beta}_1, \boldsymbol{\beta}_2, \cdots, \boldsymbol{\beta}_n]^{\mathrm{T}}$.

于是，关于方阵 $\boldsymbol{A}$ 可逆，我们有下列等价条件.

定理 3 设 $\boldsymbol{A}$ 为 n 阶方阵，则下列各命题等价：

(1) $\boldsymbol{A}$ 可逆；

(2) 存在 n 阶方阵 $\boldsymbol{B}$，使得 $\boldsymbol{BA}=\boldsymbol{AB}=\boldsymbol{E}$；

(3) 存在 n 阶可逆阵 $\boldsymbol{P}$、$\boldsymbol{Q}$，使得 $\boldsymbol{PAQ}=\boldsymbol{E}$；

(4) $\boldsymbol{A}$ 可通过初等变换化为单位阵 $\boldsymbol{E}$；

(5) $\boldsymbol{A}$ 可以表示成若干个初等矩阵的乘积；

(6) $R(\boldsymbol{A})=n$；

(7) $|\boldsymbol{A}|\neq 0$；

(8) $\boldsymbol{A}$ 的特征多项式 $f_A(\lambda)=|\lambda\boldsymbol{E}-\boldsymbol{A}|$的常数项不为零；

(9) $\boldsymbol{A}$ 的特征根全不为零；

(10) 0 不是 $\boldsymbol{A}$ 的特征根；

(11) 存在 n 阶方阵 $\boldsymbol{B}$，使得 $\boldsymbol{AB}=\boldsymbol{E}$；

(12) 存在 n 阶方阵 $\boldsymbol{B}$，使得 $\boldsymbol{BA}=\boldsymbol{E}$；

(13) $|\boldsymbol{A}^*|\neq 0$（$\boldsymbol{A}^*$ 为 $\boldsymbol{A}$ 的伴随矩阵）；

(14) $\boldsymbol{A}$ 的行向量组的秩等于 n；

(15) $\boldsymbol{A}$ 的行向量组线性无关；

(16) $\boldsymbol{A}$ 的列向量组的秩等于 n；

(17) $\boldsymbol{A}$ 的列向量组线性无关；

(18) 齐次线性方程组 $\boldsymbol{AX}=\boldsymbol{0}$ 只有零解（$\boldsymbol{X}$ 为 n 维列向量）；

(19) 非齐次线性方程组 $\boldsymbol{AX}=\boldsymbol{b}$ 只有唯一解；

(20) 线性方程组 $\boldsymbol{A}^{\mathrm{T}}\boldsymbol{AX}=\boldsymbol{0}$ 只有零解（$\boldsymbol{A}^{\mathrm{T}}$ 为 $\boldsymbol{A}$ 的转置）；

(21) $\boldsymbol{A}$ 的行（列）向量组是 $\mathbf{R}^n$ 的一个基；

(22) 任意的 n 维行（列）向量均可由 $\boldsymbol{A}$ 的行（列）向量组唯一表示.

以上这些等价命题可用循环证明的方法推证（如图 5－1 所示）：

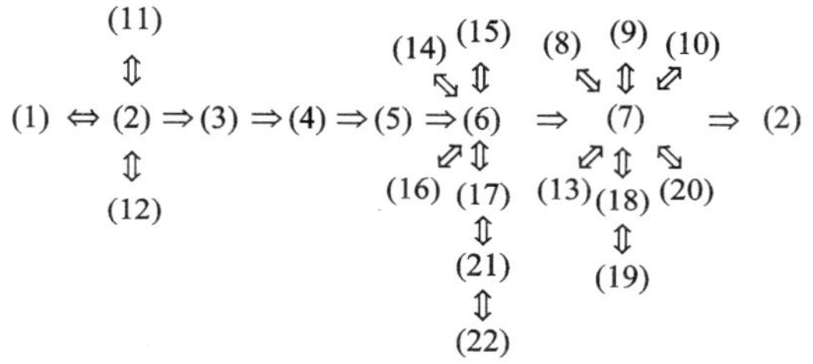

图 5－1　定理 3 的循环证明方法

分几步证明：

(1°) (1)⇔(2)显然成立.

(2°) (2)⇒(3)⇒(4)⇒(5)⇒(6)⇒(7)⇒(2)

(2)⇒(3)，取 $\boldsymbol{P}=\boldsymbol{E}$，$\boldsymbol{Q}=\boldsymbol{B}$，则由 $\boldsymbol{AB}=\boldsymbol{E}$ 有 $\boldsymbol{PAQ}=\boldsymbol{E}$，即(2)⇒(3).

(3)⇒(4)，取 $\boldsymbol{P}=\boldsymbol{P}_1\boldsymbol{P}_2\cdots\boldsymbol{P}_s$，$\boldsymbol{Q}=\boldsymbol{Q}_1\boldsymbol{Q}_2\cdots\boldsymbol{Q}_t$，其中 $\boldsymbol{P}_i(i=1,2,\cdots,s)$，$\boldsymbol{Q}_j(j=1,2,\cdots,t)$为 n 阶初等矩阵，则由 $\boldsymbol{PAQ}=\boldsymbol{E}$，即由 $\boldsymbol{P}_1\boldsymbol{P}_2\cdots\boldsymbol{P}_s\boldsymbol{AQ}_1\boldsymbol{Q}_2\cdots\boldsymbol{Q}_t=\boldsymbol{E}$ 知，$\boldsymbol{A}$ 可通过初等变换化为单位矩阵 $\boldsymbol{E}$，(3)⇒(4)得证.

(4)⇒(5)，若 $\boldsymbol{A}$ 可通过初等变换化为单位矩阵 $\boldsymbol{E}$，即存在 n 阶初等矩阵 $\boldsymbol{P}_1$，$\boldsymbol{P}_2$，…，$\boldsymbol{P}_s$，$\boldsymbol{Q}_1$，$\boldsymbol{Q}_2$，…，$\boldsymbol{Q}_t$，使得

$$\boldsymbol{P}_1\boldsymbol{P}_2\cdots\boldsymbol{P}_s\boldsymbol{AQ}_1\boldsymbol{Q}_2\cdots\boldsymbol{Q}_t=\boldsymbol{E}$$

由于初等矩阵可逆，且逆行为初等矩阵，知

$$\begin{aligned}\boldsymbol{A}&=\boldsymbol{P}_s^{-1}\cdots\boldsymbol{P}_2^{-1}\boldsymbol{P}_1^{-1}\boldsymbol{EQ}_t^{-1}\boldsymbol{Q}_{t-1}^{-1}\cdots\boldsymbol{Q}_2^{-1}\boldsymbol{Q}_1^{-1}\\&=\boldsymbol{P}_s^{-1}\cdots\boldsymbol{P}_2^{-1}\boldsymbol{P}_1^{-1}\boldsymbol{Q}_t^{-1}\boldsymbol{Q}_{t-1}^{-1}\cdots\boldsymbol{Q}_2^{-1}\boldsymbol{Q}_1^{-1}\end{aligned}$$

即 $\boldsymbol{A}$ 可表示成初等矩阵的乘积.

(5)⇒(6)，若 $\boldsymbol{A}=\boldsymbol{T}_1\boldsymbol{T}_2\cdots\boldsymbol{T}_m$，其中 $\boldsymbol{T}_i(i=1,2,\cdots,m)$均为初等矩阵，由初等矩阵均可逆以及两个矩阵乘积的秩不大于每一个因子的秩，特别地，当有一个因子是可逆阵时，乘积的秩等于另一个因子的秩，从而反复应用此结论可知 $R(\boldsymbol{A})=R(\boldsymbol{T}_i)=n(i=1,2,\cdots,m)$.

(6) ⇒(7)，由矩阵秩的定义易得$|\boldsymbol{A}|\neq 0$.

(7)⇒(2)，若$|\boldsymbol{A}|\neq 0$，则下列 $2n$ 个线性方程组

$$\begin{cases}a_{11}x_{11}+a_{12}x_{21}+\cdots+a_{1n}x_{n1}=1\\a_{21}x_{11}+a_{22}x_{21}+\cdots+a_{2n}x_{n1}=0\\\quad\vdots\qquad\qquad\vdots\\a_{n1}x_{11}+a_{n2}x_{21}+\cdots+a_{nn}x_{n1}=0\end{cases}$$

$$\vdots$$

$$\begin{cases}a_{11}x_{1n}+a_{12}x_{2n}+\cdots+a_{1n}x_{nn}=0\\a_{21}x_{1n}+a_{22}x_{2n}+\cdots+a_{2n}x_{nn}=0\\\quad\vdots\qquad\qquad\vdots\\a_{n1}x_{1n}+a_{n2}x_{2n}+\cdots+a_{nn}x_{nn}=1\end{cases}$$

及

$$\begin{cases}a_{11}x_{11}+a_{21}x_{12}+\cdots+a_{n1}x_{1n}=1\\a_{12}x_{11}+a_{22}x_{12}+\cdots+a_{n2}x_{1n}=0\\\quad\vdots\qquad\qquad\vdots\\a_{1n}x_{11}+a_{2n}x_{12}+\cdots+a_{nn}x_{1n}=0\end{cases}$$

$$\vdots$$

$$\begin{cases}a_{11}x_{n1}+a_{21}x_{n2}+\cdots+a_{n1}x_{nn}=0\\a_{12}x_{n1}+a_{22}x_{n2}+\cdots+a_{n2}x_{nn}=0\\\quad\vdots\qquad\qquad\vdots\\a_{1n}x_{n1}+a_{2n}x_{n2}+\cdots+a_{nn}x_{nn}=1\end{cases}$$

均有解.

即存在 n 阶矩阵 $\boldsymbol{X}=(x_{ij})_{n\times n}$，使得 $\boldsymbol{AX}=\boldsymbol{XA}=\boldsymbol{E}$，令 $\boldsymbol{B}=\boldsymbol{X}$，即有 $\boldsymbol{BA}=\boldsymbol{AB}=\boldsymbol{E}$.

(3°) (7) ⇔(8)，令 $\lambda=0$，则 $f_{\boldsymbol{A}}(0)=|-\boldsymbol{A}|=(-1)^n|\boldsymbol{A}|$，即为 $f_{\boldsymbol{A}}(\lambda)$的常数项，因为$|\boldsymbol{A}|\neq 0$，所以 $f_{\boldsymbol{A}}(\lambda)$的常数不为零，(8)⇒(7)，若 $f_{\boldsymbol{A}}(0)=|-\boldsymbol{A}|=(-1)^n|\boldsymbol{A}|\neq 0$，则有$|\boldsymbol{A}|\neq 0$.

(4°) (7)⇔(9)，设 n 阶方阵 $\boldsymbol{A}$ 的全部特征值为 λ_1，λ_2，…，λ_n(重根按重数算)，则有$|\boldsymbol{A}|=\lambda_1\lambda_2\cdots\lambda_n$

$$|\boldsymbol{A}|\neq 0\Leftrightarrow\lambda_i\neq 0(i=1, 2, \cdots, n)$$

(5°) (7)⇔(10)，由(7)与(9)等价易知.

(6°) (2)⇔(11)，先证(11)⇒(2)，由 $\boldsymbol{AB}=\boldsymbol{BA}=\boldsymbol{E}$，必有 $\boldsymbol{AB}=\boldsymbol{E}$.

(2)⇒(11)，若 $\boldsymbol{AB}=\boldsymbol{E}$，则有$|\boldsymbol{A}|\cdot|\boldsymbol{B}|=1$ 知$|\boldsymbol{A}|\neq 0$，$|\boldsymbol{B}|\neq 0$.

从而 $\boldsymbol{A}$、$\boldsymbol{B}$ 均可逆，对 $\boldsymbol{AB}=\boldsymbol{E}$ 两边左乘 $\boldsymbol{A}^{-1}$，再右乘 $\boldsymbol{B}^{-1}$可得 $\boldsymbol{A}^{-1}\boldsymbol{B}^{-1}=\boldsymbol{E}$. 即$(\boldsymbol{BA})^{-1}=\boldsymbol{E}$，从而 $\boldsymbol{BA}=\boldsymbol{E}$.

(7°) 同理可证(2)⇔(12).

(8°) (7)⇔(13)，由$|\boldsymbol{A}^*|=|\boldsymbol{A}|^{n-1}$知，当$|\boldsymbol{A}|\neq 0$ 时，$|\boldsymbol{A}^*|\neq 0$. 反之，若$|\boldsymbol{A}^*|\neq 0$，则由$|\boldsymbol{A}^*|=|\boldsymbol{A}|^{n-1}\neq 0$，有$|\boldsymbol{A}|\neq 0$.

(9°) (6) ⇔(14)，由于 $\boldsymbol{A}$ 的秩等于行秩等于列秩，而 $R(\boldsymbol{A})=n$. 故行秩=列秩$=n$，反之显然.

(10°) (6)⇔(15)，显然成立.

(11°) (16)⇔(6)⇔(17)⇔(21)⇔(22)，显然成立.

(12°) (7)⇔(18)⇔(19).

(7)⇔(18)由克莱姆法则易得其成立.

(18)⇔(19)因 $R(\boldsymbol{A})=R(\boldsymbol{A}\quad \boldsymbol{B})=n$，所以(19)成立，反之，显然也成立.

(13°) (7)⇔(20).

若 $\boldsymbol{A}^{\mathrm{T}}\boldsymbol{A}\boldsymbol{X}=\boldsymbol{0}$ 只有零解，则有 $|\boldsymbol{A}^{\mathrm{T}}\boldsymbol{A}|\neq 0$，即 $|\boldsymbol{A}^{\mathrm{T}}\boldsymbol{A}|=|\boldsymbol{A}^{\mathrm{T}}|\cdot|\boldsymbol{A}|=|\boldsymbol{A}|^2\neq 0$，所以 $|\boldsymbol{A}|\neq 0$.

反之，若 $|\boldsymbol{A}|\neq 0$，则 $|\boldsymbol{A}^{\mathrm{T}}\boldsymbol{A}|=|\boldsymbol{A}^{\mathrm{T}}|\cdot|\boldsymbol{A}|=|\boldsymbol{A}|^2\neq 0$. 从而线性方程组 $\boldsymbol{A}^{\mathrm{T}}\boldsymbol{A}\boldsymbol{X}=\boldsymbol{0}$ 只有零解.

可见，上述定理从不同的侧面反映了可逆矩阵的本质，其中有很多结论重要且有趣，用来判定矩阵是否可逆时非常方便.

第 6 章　矩阵的四个基本子空间

前面我们已经讨论过线性方程组与向量空间的关系，如果把矩阵看为向量组，则矩阵的诸多性质可由其行向量组与列向量组的性质决定，向量组的性质则可通过它的生成子空间来描述，因此，本章重点讨论矩阵 $\boldsymbol{A}$ 的四个基本子空间，以及四个基本子空间的关系，以便进一步认识矩阵.

6.1　矩阵的四个基本子空间的概念

在线性代数教材中，向量空间亦称为线性空间，实际上线性空间是更广泛的向量空间，而子空间的概念可叙述如下.

设 $\boldsymbol{V}$ 是数域上的线性空间，$\boldsymbol{W}$ 是 $\boldsymbol{V}$ 的一个非空子集，如果 $\boldsymbol{W}$ 关于 $\boldsymbol{V}$ 的加法与数乘运算也封闭，则称 $\boldsymbol{W}$ 是 $\boldsymbol{V}$ 的一个子空间. 如，在三维空间中，考虑一个过原点的平面，显然，这个平面是三维几何空间的一部分，同时这个平面中向量对空间向量的加法和数乘也构成一个线性空间，所以，过原点的平面是三维几何空间的子空间.

显然，由零向量组成的子集合$\{0\}$是 $\boldsymbol{V}$ 的一个子空间，称为零子空间，$\boldsymbol{V}$ 本身也是 $\boldsymbol{V}$ 的一个子空间，称为全空间，通常把 $\boldsymbol{V}$ 的这两个子空间称为 $\boldsymbol{V}$ 的平凡子空间，而把 $\boldsymbol{V}$ 的其他子空间(如果存在的话)称为非平凡子空间.

以下介绍生成子空间的概念.

设 $\boldsymbol{\alpha}_1, \boldsymbol{\alpha}_2, \cdots, \boldsymbol{\alpha}_r$ 是线性空间 $\boldsymbol{V}$ 中的一组向量，这组向量所有可能的线性组合

$$k_1\boldsymbol{\alpha}_1 + k_2\boldsymbol{\alpha}_2 + \cdots + k_r\boldsymbol{\alpha}_r$$

所成的集合非空，且对 $\boldsymbol{V}$ 上的加法和数乘运算封闭，因而是 $\boldsymbol{V}$ 的一个子空间，同时，这个子空间称为由 $\boldsymbol{\alpha}_1, \boldsymbol{\alpha}_2, \cdots, \boldsymbol{\alpha}_r$ 生成的子空间，记为 $\mathrm{span}\{\boldsymbol{\alpha}_1, \boldsymbol{\alpha}_2, \cdots, \boldsymbol{\alpha}_r\}$，即

$$\mathrm{span}\{\boldsymbol{\alpha}_1, \boldsymbol{\alpha}_2, \cdots, \boldsymbol{\alpha}_r\} = \{k_1\boldsymbol{\alpha}_1 + k_2\boldsymbol{\alpha}_2 + \cdots + k_r\boldsymbol{\alpha}_r \mid k_i \in \mathbf{P}, i = 1, 2, \cdots, r\}$$

显然有：

(1) 两个向量组生成相同子空间的充要条件是这两个向量组等价；

(2) $\mathrm{span}\{\boldsymbol{\alpha}_1, \boldsymbol{\alpha}_2, \cdots, \boldsymbol{\alpha}_r\}$的维数等于向量组 $\boldsymbol{\alpha}_1, \boldsymbol{\alpha}_2, \cdots, \boldsymbol{\alpha}_r$ 的秩，基为 $\boldsymbol{\alpha}_1, \boldsymbol{\alpha}_2, \cdots, \boldsymbol{\alpha}_r$ 的一个极大线性无关组，即

$$\dim(\mathrm{span}\{\boldsymbol{\alpha}_1, \boldsymbol{\alpha}_2, \cdots, \boldsymbol{\alpha}_r\}) = R(\boldsymbol{\alpha}_1, \boldsymbol{\alpha}_2, \cdots, \boldsymbol{\alpha}_r)$$

事实上，有限维线性空间，任何一个子空间都可以通过一组向量生成.

针对 $m\times n$ 矩阵 $\boldsymbol{A}$，下面给出矩阵 $\boldsymbol{A}$ 的四个子空间，即列空间 $C(\boldsymbol{A})$、零空间 $N(\boldsymbol{A})$、行空间 $C(\boldsymbol{A}^{\mathrm{T}})$、左零空间 $N(\boldsymbol{A}^{\mathrm{T}})$的定义，接下来再研究这四个子空间及其关系.

列空间 $C(\boldsymbol{A})$：$\boldsymbol{A}$ 的列向量组所生成的子空间称为 $\boldsymbol{A}$ 的列空间，记为 $C(\boldsymbol{A})$.

若将 $\boldsymbol{A}$ 按列分块，记为 $\boldsymbol{A}=[\boldsymbol{\alpha}_1, \boldsymbol{\alpha}_2, \cdots, \boldsymbol{\alpha}_n]$，$\boldsymbol{\alpha}_i \in \mathbf{R}^m$，$i=1, 2, \cdots, n$，则

$$C(\boldsymbol{A}) = \text{span}\{\boldsymbol{\alpha}_1, \boldsymbol{\alpha}_2, \cdots, \boldsymbol{\alpha}_n\} = \{k_1\boldsymbol{\alpha}_1 + k_2\boldsymbol{\alpha}_2 + \cdots + k_n\boldsymbol{\alpha}_n \mid k_i \in \mathbf{R}, i = 1, 2, \cdots, n\}$$

零空间 $N(\boldsymbol{A})$：齐次线性方程组 $\boldsymbol{AX}=\boldsymbol{0}$ 的全体解向量构成的解空间称为 $\boldsymbol{A}$ 的零空间，记为 $N(\boldsymbol{A})$，即

$$N(\boldsymbol{A}) = \{\boldsymbol{X} \mid \boldsymbol{AX} = \boldsymbol{0}\}$$

行空间 $C(\boldsymbol{A}^{\mathrm{T}})$：$\boldsymbol{A}$ 的行向量所生成的子空间，即 $\boldsymbol{A}^{\mathrm{T}}$ 的列向量所生成的空间(由于不习惯处理行向量)，记为 $C(\boldsymbol{A}^{\mathrm{T}})$.

若将 $\boldsymbol{A}$ 按行分块，记为 $\boldsymbol{A}=[\boldsymbol{\beta}_1, \boldsymbol{\beta}_2, \cdots, \boldsymbol{\beta}_m]^{\mathrm{T}}$，$\boldsymbol{\beta}_j \in \mathbf{R}^n$，$j=1, 2, \cdots, m$，则 $\boldsymbol{A}^{\mathrm{T}}=[\boldsymbol{\beta}_1, \boldsymbol{\beta}_2, \cdots, \boldsymbol{\beta}_m]$，即

$$C(\boldsymbol{A}^{\mathrm{T}}) = \text{span}\{\boldsymbol{\beta}_1, \boldsymbol{\beta}_2, \cdots, \boldsymbol{\beta}_m\} = \{l_1\boldsymbol{\beta}_1 + l_2\boldsymbol{\beta}_2 + \cdots + l_m\boldsymbol{\beta}_m \mid l_j \in \mathbf{R}, j = 1, 2, \cdots, m\}$$

左零空间 $N(\boldsymbol{A}^{\mathrm{T}})$：满足齐次线性方程组 $\boldsymbol{A}^{\mathrm{T}}\boldsymbol{X}=\boldsymbol{0}$ 的全体解向量构成的空间，称为 $\boldsymbol{A}^{\mathrm{T}}$ 的零空间，亦称 $\boldsymbol{A}$ 的左零空间.

6.2 矩阵的四个基本子空间的关系

作为空间，读者关心的是该空间的维数及基，首先从简单的子空间入手，设 $R(\boldsymbol{A})=r$，由第 4 章知识可知 $N(\boldsymbol{A})\subseteq\mathbf{R}^n$，且 $\dim N(\boldsymbol{A})=n-r$. 且 $\boldsymbol{AX}=\boldsymbol{0}$ 的一个基础解系即为 $N(\boldsymbol{A})$ 的一个基，可见 $\boldsymbol{A}$ 的零空间 $N(\boldsymbol{A})$ 是 $n-r$ 维的，且基易得.

对 $C(\boldsymbol{A})$ 而言，由于 $C(\boldsymbol{A})=\text{span}\{\boldsymbol{\alpha}_1, \boldsymbol{\alpha}_2, \cdots, \boldsymbol{\alpha}_n\}\subseteq\mathbf{R}^n$，则由生成子空间的结论可知

$$\dim C(\boldsymbol{A}) = \dim(\text{span}\{\boldsymbol{\alpha}_1, \boldsymbol{\alpha}_2, \cdots, \boldsymbol{\alpha}_n\}) = R(\boldsymbol{\alpha}_1, \boldsymbol{\alpha}_2, \cdots, \boldsymbol{\alpha}_n) = R(\boldsymbol{A}) = r$$

可见 $\boldsymbol{A}$ 的列空间是 r 维的，且列向量的一个极大线性无关组即可做 $C(\boldsymbol{A})$ 的一组基，进而有

$$\dim N(\boldsymbol{A}) + \dim C(\boldsymbol{A}) = n$$

此时猜测有：

$$\dim N(\boldsymbol{A}^{\mathrm{T}}) + \dim C(\boldsymbol{A}^{\mathrm{T}}) = m$$

由于 $N(\boldsymbol{A}^{\mathrm{T}})=\{\boldsymbol{X}|\boldsymbol{A}^{\mathrm{T}}\boldsymbol{X}=\boldsymbol{0}\}\subseteq\mathbf{R}^m$，$\boldsymbol{A}$ 是 $m\times n$ 矩阵，则

$$\dim N(\boldsymbol{A}^{\mathrm{T}}) = m - R(\boldsymbol{A}) = m - r$$

其中 $R(\boldsymbol{A})=r$. 且 $\boldsymbol{A}^{\mathrm{T}}\boldsymbol{X}=\boldsymbol{0}$ 的一个基础解系即为 $N(\boldsymbol{A}^{\mathrm{T}})$ 的一组基.

而对 $C(\boldsymbol{A}^{\mathrm{T}})$ 而言，由于

$$C(\boldsymbol{A}^{\mathrm{T}}) = \text{span}\{\boldsymbol{\beta}_1, \boldsymbol{\beta}_2, \cdots, \boldsymbol{\beta}_m\} \subseteq \mathbf{R}^m$$

其中 $\boldsymbol{A}=[\boldsymbol{\beta}_1, \boldsymbol{\beta}_2, \cdots, \boldsymbol{\beta}_m]^{\mathrm{T}}$，则

$$\begin{aligned}\dim C(\boldsymbol{A}^{\mathrm{T}}) &= \dim \text{span}\{\boldsymbol{\beta}_1, \boldsymbol{\beta}_2, \cdots, \boldsymbol{\beta}_m\} = R(\boldsymbol{\beta}_1, \boldsymbol{\beta}_2, \cdots, \boldsymbol{\beta}_m)\\ &= R(\boldsymbol{A}) = r\end{aligned}$$

因为矩阵的秩等于行秩也等于列秩，故 $\boldsymbol{\beta}_1, \boldsymbol{\beta}_2, \cdots, \boldsymbol{\beta}_m$ 中的一个极大线性无关组即为 $C(\boldsymbol{A}^{\mathrm{T}})$ 的一组基，且有

$$\dim N(\boldsymbol{A}^{\mathrm{T}}) + \dim C(\boldsymbol{A}^{\mathrm{T}}) = m$$

例 1 已知矩阵 3×4 矩阵 $\boldsymbol{A}=\begin{bmatrix}1 & 2 & 2 & 0\\ 1 & 3 & 4 & -2\\ 1 & 1 & 0 & 2\end{bmatrix}$，求 $\boldsymbol{A}$ 的四个子空间 $C(\boldsymbol{A})$、$N(\boldsymbol{A})$、$C(\boldsymbol{A}^{\mathrm{T}})$、$N(\boldsymbol{A}^{\mathrm{T}})$ 及并确定其维数与基.

解 ① 先求 $C(\mathbf{A})$，将 $\mathbf{A}$ 按列分块，$\mathbf{A}=[\boldsymbol{\alpha}_1,\boldsymbol{\alpha}_2,\boldsymbol{\alpha}_3,\boldsymbol{\alpha}_4]$，并对 $\mathbf{A}$ 进行初等行变换.

$$\mathbf{A}=[\boldsymbol{\alpha}_1,\boldsymbol{\alpha}_2,\boldsymbol{\alpha}_3,\boldsymbol{\alpha}_4]=\begin{bmatrix}1&2&2&0\\1&3&4&-2\\1&1&0&2\end{bmatrix}\to\begin{bmatrix}1&2&2&0\\0&1&2&-2\\0&-1&-2&2\end{bmatrix}$$

$$\to\begin{bmatrix}1&0&-2&4\\0&1&2&-2\\0&0&0&0\end{bmatrix}$$

可见 $R(\mathbf{A})=2$，且 $\boldsymbol{\alpha}_1,\boldsymbol{\alpha}_2$ 为 $\mathbf{A}$ 的列向量组的一个极大无关组，即 $\dim C(\mathbf{A})=2$，且 $\boldsymbol{\alpha}_1,\boldsymbol{\alpha}_2$ 为 $C(\mathbf{A})$的一组基.

② 再求 $N(\mathbf{A})$.

由于 $N(\mathbf{A})=\{\mathbf{X}|\mathbf{AX}=\mathbf{0}\}\subseteq\mathbf{R}^4$.

求解齐次线性方程组 $\mathbf{AX}=\mathbf{0}$ 的一个基础解系.

由于 $\mathbf{A}$ 的行最简形为 $\begin{bmatrix}1&0&-2&4\\0&1&2&-2\\0&0&0&0\end{bmatrix}$，且 $R(\mathbf{A})=2$. 故 $\mathbf{AX}=\mathbf{0}$ 的基础解系中所含解向量个数为 $4-R(\mathbf{A})=2$，其中 x_3、x_4 为自由未知量，取 $\begin{pmatrix}x_3\\x_4\end{pmatrix}=\begin{bmatrix}1\\0\end{bmatrix},\begin{bmatrix}0\\1\end{bmatrix}$，可得一组基础解系

$$\boldsymbol{\xi}_1=\begin{pmatrix}2\\-2\\1\\0\end{pmatrix},\quad \boldsymbol{\xi}_2=\begin{pmatrix}-4\\2\\0\\1\end{pmatrix}$$

从而可得 $\dim N(\mathbf{A})=2$，且 $\boldsymbol{\xi}_1,\boldsymbol{\xi}_2$ 为 $N(\mathbf{A})$的一组基.

③ 接着求 $C(\mathbf{A}^{\mathrm{T}})$.

对 $\mathbf{A}$ 按行分块，则 $\mathbf{A}=[\boldsymbol{\beta}_1,\boldsymbol{\beta}_2,\boldsymbol{\beta}_3]^{\mathrm{T}}$，则 $\mathbf{A}^{\mathrm{T}}=[\boldsymbol{\beta}_1,\boldsymbol{\beta}_2,\boldsymbol{\beta}_3]$，对 $\mathbf{A}^{\mathrm{T}}$ 施行初等行变换.

$$\mathbf{A}^{\mathrm{T}}=\begin{bmatrix}1&1&1\\2&3&1\\2&4&0\\0&-2&2\end{bmatrix}\to\begin{bmatrix}1&1&1\\0&1&-1\\0&0&0\\0&0&0\end{bmatrix}\to\begin{bmatrix}1&0&2\\0&1&-1\\0&0&0\\0&0&0\end{bmatrix}$$

可见 $R(\mathbf{A}^{\mathrm{T}})=2=R(\mathbf{A})$，且 $\boldsymbol{\beta}_1=\begin{bmatrix}1\\2\\2\\0\end{bmatrix}$，$\boldsymbol{\beta}_2=\begin{bmatrix}1\\3\\4\\-2\end{bmatrix}$为 $\mathbf{A}$ 的行向量组的一个极大线性无关组. 故 $\dim C(\mathbf{A}^{\mathrm{T}})=2$，且 $\boldsymbol{\beta}_1,\boldsymbol{\beta}_2$ 为 $C(\mathbf{A}^{\mathrm{T}})$的一组基.

④ 最后，求 $N(\mathbf{A}^{\mathrm{T}})$.

由于 $N(\mathbf{A}^{\mathrm{T}})=\{\mathbf{Y}|\mathbf{A}^{\mathrm{T}}\mathbf{Y}=\mathbf{0}\}\subseteq\mathbf{R}^3$.

由上面讨论可知 $\mathbf{A}^{\mathrm{T}}\to\begin{bmatrix}1&0&2\\0&1&-1\\0&0&0\\0&0&0\end{bmatrix}$，则 $R(\mathbf{A}^{\mathrm{T}})=2=R(\mathbf{A})$.

且 $\boldsymbol{A}^{\mathrm{T}}\boldsymbol{X}=\boldsymbol{0}$ 的基础解系中所含解向量的个数为 $3-R(\boldsymbol{A}^{\mathrm{T}})=3-2=1$，取 x_3 为自由未知量，可得基础解系为

$$\boldsymbol{\xi}=\begin{pmatrix}-2\\1\\1\end{pmatrix}$$

故 $\dim N(\boldsymbol{A}^{\mathrm{T}})=1$，且 $\boldsymbol{\xi}$ 为 $N(\boldsymbol{A}^{\mathrm{T}})$的一组基.

显然从上例中可得

$$\dim C(\boldsymbol{A})+\dim N(\boldsymbol{A})=\dim\mathbf{R}^4=4$$
$$\dim C(\boldsymbol{A}^{\mathrm{T}})+\dim N(\boldsymbol{A}^{\mathrm{T}})=\dim\mathbf{R}^3=3$$

且 $C(\boldsymbol{A})$的一个基与 $N(\boldsymbol{A})$的一个基可组成 $\mathbf{R}^4$ 的一个基，即 $\boldsymbol{\alpha}_1$，$\boldsymbol{\alpha}_2$，$\boldsymbol{\xi}_1$，$\boldsymbol{\xi}_2$ 为 $\mathbf{R}^4$ 的一个基.

$C(\boldsymbol{A}^{\mathrm{T}})$的一个基与 $N(\boldsymbol{A}^{\mathrm{T}})$的一个基可组成 $\mathbf{R}^3$ 的一个基，即 $\boldsymbol{\beta}_1$，$\boldsymbol{\beta}_2$，$\boldsymbol{\xi}$ 为 $\mathbf{R}^3$ 的一组基.

由此例可知，矩阵 $\boldsymbol{A}$ 的性质完全可通过这四个基本子空间进行描述.

参 考 文 献

[1] Gilbert Strang. Introduction to Linear Algebra：4th ed. Wellesley—Cambridge Press，USA，2009

[2] 许立炜，张爱华. 线性代数与解析几何. 北京：人民邮电出版社，2002.

[3] 苏燕玲，许静，张鹏鸽. 线性代数及其应用(经管类). 西安：西安电子科技大学出版社，2014.

[4] 刘三阳，马建荣，杨国平. 线性代数. 2版. 北京：高等教育出版社，2009.

[5] 郭聿琦，岑嘉评，徐贵桐. 线性代数导引. 北京：科学出版社，2001.

[6] 丘维声. 高等代数(上、下册). 2版. 北京：高等教育出版社，2011.

[7] 李宏伟，李星，李志明. 工程高等代数. 北京：科学出版社，2007.

[8] 丘维声. 高等代数：大学高等代数课程创新教材. 北京：清华大学出版社，2010.

[9] 屈婉玲，耿素云，张立昂. 离散数学. 北京：高等教育出版社，2008.